Das Buch
Ein gelungenes Rätsel kennt keine offensichtliche Lösung. Umso wichtiger das Credo Holger Dambecks: »Es gibt zwar Regeln. Wer aber wirklich Spaß haben will, wird kreativ.« Seine unterhaltsamen Rätsel zeigen uns also, was Mathe wirklich ist: nicht stumpfes Büffeln, sondern Spaß am Nachdenken und am Finden genialer Lösungen.

Nach dem großen Erfolg seines ersten Rätselbuchs »Kommen drei Logiker in eine Bar ...« präsentiert uns Holger Dambeck, seit 2014 Autor der beliebten SPIEGEL-Kolumne »Rätsel der Woche«, in »Blind Date mit zwei Unbekannten« nun seine neueste Sammlung der 100 schönsten Matheknobeleien. Viel Spaß beim Gehirnjogging!

Der Autor
Holger Dambeck, geboren 1969, hat Physik studiert und ist seit 2004 Redakteur bei DER SPIEGEL in den Ressorts Wissenschaft und Netzwelt. Von 2014 bis 2017 war er Ressortleiter Wissenschaft/Gesundheit und seit 2018 ist er im Datenjournalismus-Team. Bereits als 16-Jähriger trat Dambeck bei Mathematikolympiaden zum Lösen kniffliger Aufgaben an. In der SPIEGEL-ONLINE-Kolumne »Numerator« schrieb er seit 2006 über die Wunderwelt der Mathematik. Wenig später wurde Holger Dambeck mit dem Medienpreis der Deutschen Mathematiker-Vereinigung ausgezeichnet. Seit 2014 ist er Autor der beliebten SPIEGEL-Kolumne »Rätsel der Woche«.

Holger Dambeck

Blind Date mit zwei Unbekannten

100 neue Mathe-Rätsel

Kiepenheuer & Witsch

Aus Verantwortung für die Umwelt hat sich der
Verlag Kiepenheuer & Witsch zu einer nachhaltigen Buchproduktion
verpflichtet. Der bewusste Umgang mit unseren Ressourcen,
der Schutz unseres Klimas und der Natur gehören zu unseren
obersten Unternehmenszielen.
Gemeinsam mit unseren Partnern und Lieferanten setzen wir uns
für eine klimaneutrale Buchproduktion ein, die den Erwerb von
Klimazertifikaten zur Kompensation des CO_2-Ausstoßes einschließt.

Weitere Informationen finden Sie unter
www.klimaneutralerverlag.de

Verlag Kiepenheuer & Witsch, FSC® N001512

1. Auflage 2021

© 2021, Verlag Kiepenheuer & Witsch, Köln
© DER SPIEGEL GmbH & Co. KG, Hamburg 2021
Alle Rechte vorbehalten
Covergestaltung: Barbara Thoben, Köln
Covermotiv: © Leo Leowald
Illustrationen: Michael Niestedt
Gesetzt aus der Minion, der News Gothic und der Bradley Hand ITC
Satz: Buch-Werkstatt GmbH, Bad Aibling
Druck und Bindung: CPI books GmbH, Leck
ISBN 978-3-462-00124-2

Inhalt

Vorwort 9

Aufgaben 13

Flott gelöst: Leichte Rätsel für den Einstieg 15
1) Wie messen Sie sechs Liter ab? 15
2) Das Gold muss mit – nur wie? 16
3) Prozente, Prozente, Prozente 17
4) Acht Hasen rennen um die Wette 17
5) Wo ist der fehlende Euro? 18
6) Blaue und rote Steine als Kleingeld 19
7) Die abgestumpfte Pyramide 20
8) Der pedantische Tom 21
9) Welche Lose stehen kopf? 22
10) Die verrückte Uhr 23
11) Ein Puzzleteil muss weg – nur welches? 24
12) Neun Weinfässer fair aufteilen 25

Aha: Aufgaben mit Trick 17 lösen 26
13) Welche Zahl fehlt? 26
14) Das Kaninchen am falschen Fleck 27
15) Der Zaubertrick 28
16) Wie teilt man das Quadrat? 29
17) Ein guter Schnitt 29
18) Der Münztrick 30
19) Grasen im Quadrat 31

20) Hausputz für Profis 32
21) Ordnung auf dem Kuchenblech 33
22) Ganz von der Kette 34
23) Das magische Quadrat 35

Unbekannt, natürlich, rational: Knobeleien mit Zahlen 37

24) Wie alt sind Cheryls Kinder? 37
25) Die drei mit dem Zahlen-Fetisch 38
26) Wie viel Geld bleibt für den Bruder? 39
27) Ochsen, Pferde und 1770 Taler 40
28) Zimmerquiz in der Jugendherberge 41
29) Wir suchen die achtstellige Superzahl 42
30) Verrückter Zahlendreher 43
31) Verflixte 81 43
32) Brüchige Angelegenheit 43
33) Blind Date mit zwei Unbekannten 44
34) 100 Affen bekommen 1600 Kokosnüsse 45

Von Lügnern und Zwergen: Knifflige Logikrätsel 46

35) Lügen, Wahrheiten und ein Virus 46
36) Wer ist der Dieb? 47
37) Verheiratet oder ledig? 48
38) Wer hat die weiße Mütze? 49
39) Wie geht die Reihe weiter? 49
40) Alles nur gelogen? 50
41) Die raffinierten Schweigemönche 51
42) Falsche Fährte? 52
43) Die Wahrheit kommt ans Licht 53
44) Clever gefragt 54
45) Der Weihnachtsmann an der Kreuzung 55

Punkte, Linien, Kreise: Geometrie ist alles 57

46) Die dreieckige Pyramide 57
47) Traumfigur gesucht 58
48) Die eng umschlungene Erde 59

49) Zehn Bäume in fünf Reihen 61
50) Wie groß ist das innere Quadrat? 61
51) Der rollende Euro 62
52) Der Kreis im Pizzastück 63
53) 16 auf einen Streich 64
54) Schnittige Würfel 65
55) Umschlossen von sechs Kreisen 66
56) Schräger Schnitt 67

Gut durchdacht: Clevere Strategien gesucht 69

57) 100 Münzen auf dem Tisch 69
58) Jetzt ganz Schaf aufpassen 70
59) Ein König auf der Flucht 71
60) Exakt 100 Punkte abräumen – nur wie? 72
61) Welche Farbe hat dein Hut? 73
62) Welcher Wein steckt in welcher Kiste? 75
63) 15 Minuten messen – mit zwei Zündschnüren 76
64) Alle Quadrate müssen weg 77
65) Die Lieblingsknobelei des Mathegenies 78
66) Parole! 79
67) Fünf Damen auf einem Schachbrett 80

Raffiniert aufgeteilt: Möglichkeiten und Wahrscheinlichkeiten 82

68) Kuddelmuddel in der Poststelle 82
69) Die Sockenlotterie 83
70) Im Würfelglück 85
71) Trenchcoat-Roulette in Pullach 86
72) Würfelduell 87
73) Wie viele neue Bahnhöfe gibt es? 87
74) Sieben Zwerge, sieben Betten 88
75) Die verbogene Münze 89
76) Fotofinish 90
77) Wie wählen Kombinatoriker ihre neue Spitze? 91
78) Alters-Check im Tanzverein 92

Gewichte, Schiffe, Hunde: Kopfnüsse aus der Physik 93
   79) Wann war die Schule zu Ende? 93
   80) Spieglein, Spieglein an der Wand 94
   81) Inselhopping 95
   82) Die Tageswanderung 96
   83) Exaktes Timing 97
   84) Harmonie auf dem Navi 97
   85) Wettlauf der Tiere 98
   86) Kupfer oder Aluminium? 99
   87) Der eifrige Schäferhund 100
   88) Wo die Sonne im Osten untergeht 101
   89) Das perfekt ausbalancierte Karussell 102

Schwere Rätsel: Elf echte Herausforderungen 104
   90) Eine Münze – drei Treffer 104
   91) Verflixte Stifte 105
   92) Wo ist die Prinzessin? 106
   93) Ohne Bordkarte ins Flugzeug 107
   94) Wo steckt der verschollene Abenteurer? 109
   95) Die fantastischen Vieren 110
   96) Die dreieckige Zielscheibe 111
   97) Kinder vergleichen ihre Namen 112
   98) Das Geschwister-Problem 113
   99) Teile und herrsche 114
 100) Zwölf Kugeln und eine Waage 116

Lösungen 119
Quellen 241

Vorwort

Vor sechs Jahren habe ich das erste Rätsel der Woche auf SPIEGEL.de veröffentlicht. Es ging darin um Nudeln, die genau neun Minuten gekocht werden sollen – al dente! Als Zeitmesser standen zwei Sanduhren mit Laufzeiten von vier und sieben Minuten zur Verfügung. Ein Rätselklassiker.

Seitdem ist jede Woche eine mathematische Knobelei erschienen – mehr als 300 sind es inzwischen! Was mich immer wieder aufs Neue überrascht (und natürlich freut), ist das große Interesse der Leserinnen und Leser. 50.000 Abrufe sind normal, manchmal erreicht ein Rätsel auch 100.000 Menschen oder mehr. Und ich bekomme regelmäßig E-Mails. Kein Fehler bleibt unentdeckt. Schon mehrmals musste ich die Aufgabenstellung präzisieren oder auch Lösungen ergänzen.
Das ärgert mich natürlich – aber es ist auch ein gutes Zeichen. Denn niemand ist fehlerfrei. Und vor allem: Mathematik ist immer auch ein Prozess. Wir nähern uns der Wahrheit Schritt für Schritt. Manchmal übersehen selbst professionelle Mathematiker den einen oder anderen Stein am Wegesrand, auf den sie dann aber zum Glück Kollegen hinweisen. Und manchmal nehmen wir einen Umweg zum Ziel, finden also einen Lösungsweg, der komplizierter ist als nötig. Das pas-

siert auch Mathematikern. Die zuerst gefundene Lösung für ein Problem ist oft nicht die eleganteste.

Eine Schwierigkeit, mit der ich immer wieder zu kämpfen habe, ist die präzise Sprache. In meiner Brust schlagen zwei Herzen: das des Journalisten und das des Mathematikers. Als Journalist möchte ich möglichst verständlich schreiben. Klare, eher kurze als lange Sätze. Am besten keine Fachtermini. Aber dieser Stil passt nicht zu jedem mathematischen Rätsel – dafür werde ich auch immer mal wieder von Lesern kritisiert.
Meist geht es darum, einen guten Kompromiss zu finden aus mathematischer Präzision und eher saloppen Formulierungen, die das Rätsel interessanter machen und auch für Laien lesbar.

Wie engagiert meine Leser die Aufgaben angehen, zeigen zwei Beispiele.
Im ersten Rätsel geht es um fünf Damen, die auf einem leeren Schachbrett positioniert werden sollen. Und zwar so, dass jedes freie Feld von mindestens einer Dame in nur einem Zug erreicht werden kann.
Ich hatte zwei verschiedene Stellungen als Lösungen vorgeschlagen. Und zugleich die Leser gebeten, mir ihre Lösungen zu schicken, falls sie weitere gefunden haben.
Das Ergebnis waren Dutzende Mails mit überraschend vielen, sehr unterschiedlichen Lösungen. Zwei davon sehen Sie hier:

Drei Leser schrieben sogar eigens ein Computerprogramm, um nach sämtlichen Lösungen zu fahnden. Sie kamen alle auf dasselbe Ergebnis von 4860 verschiedenen Stellungen. Das Damenrätsel finden Sie auf Seite 80.

Eine ähnlich große Resonanz hatte die Aufgabe der 16 gitterförmig angeordneten Punkte, die mit sechs geraden Strichen verbunden werden sollten, ohne den Stift dabei abzusetzen – siehe Seite 64.

Ich hatte drei verschiedene Lösungen vorgeschlagen – und auch hier die Leser um eigene Lösungen gebeten. Diese kamen dann zuhauf – siehe folgende Übersicht.

Ich weiß nicht, ob dies bereits alle Lösungen sind, die möglich sind. Es wäre eine interessante Aufgabe für Mathematiker, das herauszufinden. Womöglich lässt sich dieses Problem ebenfalls mit einem Computerprogramm lösen, das alle möglichen Konstellationen durchprobiert. Die 16-Punkte-Aufgabe erscheint mir jedoch schwieriger als das Fünf-Damen-Problem.

Jetzt aber sind Sie dran! Auf den folgenden Seiten finden Sie 100 Knobeleien von Logik über Geometrie bis zu Kombinatorik. Wenn Sie bei einer Aufgabe nicht weiterkommen – geben Sie nicht zu schnell auf. Legen Sie sie zur Seite, lösen Sie erst mal eine andere. Vielleicht kommt ja am nächsten Tag die zündende Idee.

Viel Spaß beim Rätseln!

Holger Dambeck
Hamburg, 10. Januar 2021

Aufgaben

Flott gelöst:
Leichte Rätsel für den Einstieg

Wir beginnen mit Aufgaben, bei denen Ihnen hoffentlich nicht gleich die Haare zu Berge stehen. Von Geometrie über Zahlenrätsel bis zu Klassikern ist alles dabei. Los geht's!

1) Wie messen Sie sechs Liter ab?

Pi mal Daumen funktioniert in vielen Lebenslagen wunderbar. Aber manchmal muss es dann doch genau sein – wie beim folgenden Problem.

Sie benötigen exakt sechs Liter Wasser. Allerdings haben Sie keinen Messbecher zur Hand, mit dem Sie schnell die gewünschte Literzahl abfüllen könnten.
Immerhin stehen neben dem Wasserhahn zwei verschiedene Eimer. In den großen Eimer passen genau neun Liter, in den kleinen vier.
An Wasser herrscht kein Mangel. Sie können die Eimer mehrfach füllen – und mit nicht mehr benötigtem Wasser die Blumen im Garten gießen.

Wie müssen Sie vorgehen, um auf exakt sechs Liter zu kommen?

2) Das Gold muss mit – nur wie?

Schön soll es sein, schwer und wertvoll. Deshalb schenkt man sich in der reichsten Familie der Welt zu Weihnachten eigentlich nur Statuen aus purem Gold. Es kann eine Venusfigur sein, eine Tigerplastik oder ein opulenter Kerzenständer – Hauptsache, es glänzt und ist richtig, richtig teuer.

Der Sohn der Familie, der längst nicht mehr zu Hause wohnt, darf sich in diesem Jahr über besonders viele Geschenke freuen. Zusammen genau neun Tonnen wiegen die Statuen und Plastiken aus Gold, die er bekommen hat. Keines der Goldgeschenke ist schwerer als eine Tonne, wie viele es genau sind, ist nicht bekannt.
Nach der Feier möchte der junge Mann die Geschenke gern alle mit nach Hause nehmen. Zum Abholen kann er jedoch

nur Lieferwagen nutzen, die klein genug sind, um in die Tiefgarage fahren zu können. Ein solcher Lieferwagen darf maximal drei Tonnen laden.

Wie viele Lieferwagen werden benötigt, um alle Goldgeschenke gemeinsam abtransportieren zu können?
Gesucht ist die kleinste Anzahl, mit der der Transport in jedem Fall klappt.

3) Prozente, Prozente, Prozente

Ein Bauer möchte frisch geerntete Früchte trocknen. Insgesamt 100 Kilogramm hat er auf einer großen Decke ausgebreitet und lässt die Sonne ihr Werk verrichten. Zu Beginn lag der Wasseranteil bei 99 Prozent.
Einige Tage später ist der Wasseranteil auf 98 Prozent gesunken. Wie schwer sind die Früchte dann – inklusive des in ihnen enthaltenen Wassers?

4) Acht Hasen rennen um die Wette

Höher, schneller, weiter: Acht Hasen haben sich viel vorgenommen, als sie sich zu einem sportlichen Wettkampf treffen. Die flinken Tiere wollen unter anderem gemeinsam um die Wette laufen.

Dabei planen sie auf jeden Fall mehr als nur ein Wettrennen, damit jeder Hase jeden anderen Hasen mindestens einmal besiegt hat. Also in mindestens einem Lauf vor diesem anderen Hasen ins Ziel gekommen ist.
Am einfachsten wäre, wenn sie achtmal gegeneinander antreten würden – und jedes Mal ein anderer Hase gewänne. Aber klappt das Vorhaben vielleicht auch mit weniger Läufen?

Wie viele Wettrennen müssen die acht Hasen mindestens veranstalten, damit jeder jeden anderen Hasen mindestens einmal besiegt hat?

Hinweis: Zum Besiegen eines anderen Hasen muss man nicht zwingend Erster sein. Man muss nur vor ihm platziert sein.

5) Wo ist der fehlende Euro?

Können Sie gut mit Zahlen? Das wäre hilfreich, wenn Sie das Kuddelmuddel entwirren wollen, das drei Restaurantgäste und ein umtriebiger Kellner angerichtet haben.

Drei Stammgäste besuchen gemeinsam ihr Lieblingsrestaurant. Genau zehn Euro muss jeder von ihnen bezahlen. Jeder hat jeweils nur einen Zehner dabei und so geben sie dem Kellner 30 Euro. »Trinkgeld gibt's beim nächsten Mal«, erklären die drei und verlassen das Lokal.

Kurz danach kommt der Inhaber des Restaurants zur Tür hinein und fragt den Kellner, wo die drei Stammgäste geblieben seien. Der Kellner berichtet von der soeben beglichenen 30-Euro-Rechnung, worauf sein Chef ihn bittet, den drei Gästen schnell noch fünf Euro auszuzahlen. »Die hatten nämlich noch einen gut bei mir«, sagt der Inhaber.
Der Kellner verlässt das Restaurant und erwischt die drei eine Straßenecke weiter. Der Mann überlegt sich, dass sich fünf Euro schlecht auf drei Personen aufteilen lassen, und beschließt, einfach jedem Gast je einen Euro zu geben und zwei Euro als Trinkgeld zu behalten.

Damit hat jeder Gast neun Euro bezahlt, macht zusammen 27 Euro. Addiert man die zwei Euro hinzu, die sich der Kellner eingesteckt hat, kommt man auf 29 Euro. Ursprünglich hatten die drei Gäste jedoch 30 Euro bezahlt. Wo ist der fehlende Euro geblieben?

6) Blaue und rote Steine als Kleingeld

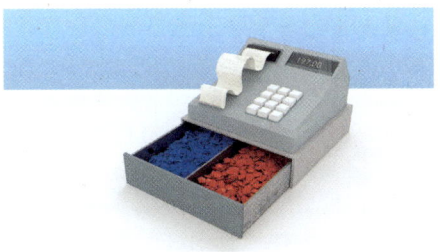

Münzen sind schwer – und immer fehlt einem genau jene, die man gerade braucht. Der Finanzminister hat deshalb beschlossen, dass das Kleingeld künftig aus bunten Steinen besteht. Damit die Menschen es leichter haben, soll es nur zwei verschiedene Farben geben.

Die roten Steine haben einen Wert von 70 Cent, der Wert der blauen liegt bei einem Euro, also 100 Cent. Weniger Varianten beim Kleingeld würden die Akzeptanz der Geldreform erhöhen, argumentiert der Minister.
Welches ist der kleinstmögliche Betrag, den man an einer Kasse bezahlen kann, wenn ausschließlich rote und blaue Steine zum Einsatz kommen?

7) Die abgestumpfte Pyramide

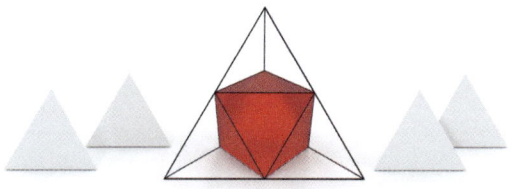

Wenn Sie größtmögliche Symmetrie mögen, sind Sie sicher ein großer Freund platonischer Körper. Die Bezeichnung geht auf den griechischen Philosophen Platon zurück. Ein platonischer Körper hat als Seitenflächen identisch große, regelmäßige Vielecke. Und an jeder Ecke stoßen gleich viele Kanten zusammen. Beispiele sind der Würfel oder das Dodekaeder, das aus zwölf zusammengesetzten Fünfecken besteht.

In diesem Rätsel geht es um den einfachsten platonischen Körper – das Tetraeder. Das ist eine dreieckige Pyramide, deren vier Seitenflächen sämtlich gleichseitige Dreiecke sind.

Von einem solchen Tetraeder wird an jeder seiner vier Ecken ein kleineres Tetraeder abgeschnitten. Die Kantenlänge dieser vier kleinen Tetraeder ist genau halb so lang wie beim ursprünglichen Tetraeder – siehe die Zeichnung Seite 20:

Durch das Abschneiden entsteht ein anderer platonischer Körper – ein Achtflächner, auch Oktaeder genannt. In der Zeichnung ist dieser Körper rot gefärbt. Seine Oberfläche besteht aus acht gleichseitigen Dreiecken.

Welchen Anteil hat das Volumen dieses Oktaeders am Volumen des ursprünglichen Tetraeders?

Hinweis: Versuchen Sie, die Aufgabe ganz ohne komplizierte Formeln zu lösen!

8) Der pedantische Tom

Seine Lese-Technik ist etwas seltsam, aber immerhin weiß Tom ganz genau, wann er fertig sein wird mit der Lektüre seines Buches. Der Roman hat 342 Seiten. Jeden Tag liest Tom exakt die gleiche Zahl an Seiten. Und zwar vom ersten bis zum letzten Tag, an dem er das Buch fertiggelesen hat, ohne dass sich an der Anzahl etwas ändert.

Tom beginnt an einem Sonntag. Am darauffolgenden Sonntag sitzt er mit dem Roman auf dem Sofa, als sein Telefon klingelt. Tom schaut noch mal kurz in das Buch: Er hat seit dem Morgen genau 20 Seiten geschafft.
Wie viele Seiten wird Tom an diesem Tag noch lesen?

9) Welche Lose stehen kopf?

Ein überdimensionierter Schlüsselanhänger, der Flaschenöffner aus Edelstahl, ein edles Schreibset: Bei einer großen Firmenparty werden sämtliche Werbegeschenke, die sich im Laufe des Jahres angesammelt haben, unter den Angestellten verlost.

Das Prozedere der Tombola ist folgendes: Jeder Mitarbeiter kann zum Stückpreis von einem Euro Lose kaufen, solange der Vorrat reicht. Auf jedes Los sind vier Ziffern gedruckt.
Die IT-Abteilung hat zuvor mit einem Zufallsgenerator allen zu verlosenden Werbegeschenken eine vierstellige Zahlenkombination zugeordnet. Wer das Los mit einer dieser Zahlen zieht, hat gewonnen.

Die Kollegen, die sich um die Tombola kümmern, prüfen die insgesamt 10.000 verschiedenen Lose mit den Kombinationen von 0000 bis 9999. Dabei fällt einem Mitarbeiter auf, dass das Los mit der Nummer 9999 – wenn man es auf den Kopf dreht – auch die Kombination 6666 zeigt. Damit wären die Lose 6666 und 9999 quasi zweimal da, was natürlich nicht sein darf.

Die Tombola-Mitarbeiter schauen sich daraufhin die Ziffern auf den Losen genauer an und stellen fest, dass es neben der 6 und der 9 noch zwei andere Ziffern gibt, bei denen Probleme entstehen können, wenn man die Lose um 180 Grad dreht: nämlich die 0 und auch die 8. Das Los 0808 entspricht somit auch der 8080.

Um Streit bei der Verlosung zu vermeiden, wollen die Tombola-Verantwortlichen alle Losnummern ausschließen, bei denen die Zahlenkombination nicht eindeutig ist.

Fest steht immerhin, dass eine Losnummer klar zuzuordnen ist, sobald sie eine oder mehrere der Ziffern 1, 2, 3, 4, 5, 7 enthält. Denn dann sieht man sofort, wie man das Los halten muss, um die Losnummer abzulesen.

Wie viele der 10.000 Lose müssen die Tombola-Organisatoren aussortieren? Gesucht ist die kleinstmögliche Zahl.

10) Die verrückte Uhr

Bei einer Wanduhr hat ein Spaßvogel die beiden Zeiger miteinander vertauscht. Die Zeiger stehen deshalb immer wieder an Positionen, die es bei einer normalen Uhr so gar nicht gibt.

Es ist gerade Punkt 12 Uhr – da fällt die Vertauschung nicht auf, denn beide Zeiger sind in diesem Moment bei der 12 wie bei einer normalen Uhr.

Um 12.30 Uhr ist das anders: Der kleine Zeiger ist exakt bei der 6, der große in der Mitte zwischen der 12 und der 1. Eine solche Konstellation ist eigentlich nicht möglich, weil der kleine Zeiger eine volle Stunde anzeigt (6.00 Uhr), der große hingegen auf einigen Minuten nach der vollen Stunde steht.

Nun die Frage: Wie oft von 12 Uhr bis 13 Uhr zeigt die Uhr trotz vertauschter Zeiger eine Uhrzeit an, die tatsächlich existiert? Die angezeigte Uhrzeit muss dabei nicht der tatsächlichen Uhrzeit entsprechen, es muss sie nur geben. 12.00 Uhr soll dabei nicht mitgezählt werden.

11) Ein Puzzleteil muss weg – nur welches?

Legen Sie aus vier Puzzleteilen ein Quadrat!
Das klingt einfacher, als es ist. Denn vor Ihnen liegen nicht vier, sondern fünf Teile. Sie brauchen davon nur vier. Welches Puzzlestück ist überflüssig?

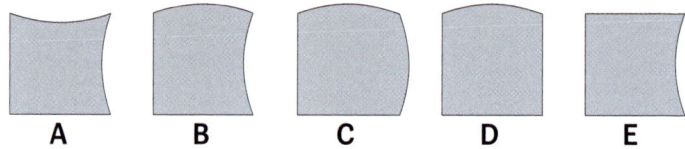

A B C D E

12) Neun Weinfässer fair aufteilen

Drei Brüder streiten sich ums Erbe – das gehört zu den Klassikern unter mathematischen Knobeleien. Wenn beispielsweise Kamele gerecht verteilt werden sollen, kann das schnell kniffelig werden. Den Tieren darf schließlich kein Haar gekrümmt werden. Wer möchte schon ein Drittel Kamel haben?

In unserem Rätsel geht es um Wein. Das Erbe für die drei Brüder besteht aus neun Fässern. Dummerweise sind die Fässer aber nicht gleich voll. In Fass 1 ist ein Maß, in Fass 2 sind es zwei, in Fass 3 drei Maß und so weiter – bis zum Fass Nummer 9, das mit neun Maß gefüllt ist.
Die drei Brüder gönnen einander nichts. Jeder soll die gleiche Anzahl Fässer und auch die gleiche Menge Wein bekommen. Dabei soll möglichst kein Wein umgefüllt werden.
Ist das überhaupt möglich? Falls ja, wie sieht die Aufteilung aus?

Aha:
Aufgaben mit Trick 17 lösen

Die schönsten mathematischen Knobeleien haben eine überraschend kurze und einfache Lösung. Oft steckt auch ein Trick dahinter. Jetzt ist Ihre Kreativität gefragt!

13) Welche Zahl fehlt?

Auf dem Klassentreffen taucht als Überraschungsgast der Mathelehrer auf. Er hat seine Schülerinnen und Schüler immer wieder mit verrückten Knobeleien beschäftigt – und natürlich hat er auch diesmal eine schier unlösbare Aufgabe dabei.

»Ich möchte euer Gedächtnis testen«, sagt er. »Jeder darf mitmachen. Aber ihr dürft euch weder Notizen machen noch untereinander verständigen. Jeder ist auf sich allein gestellt, das einzig erlaubte Hilfsmittel ist euer Gehirn.«
Jetzt hat der Mathelehrer die volle Aufmerksamkeit.
»Ich werde aus den Zahlen von 1 bis 100 genau 99 auswählen und sie euch in einer zufälligen Reihenfolge vorlesen. Alle zehn Sekunden nenne ich eine neue Zahl. Ganz am Ende sagt

ihr mir bitte, welche Zahl von 1 bis 100 in meiner Auswahl gefehlt hat.«

Gibt es eine Möglichkeit, die fehlende Zahl zu finden?

Hinweis: Wir gehen davon aus, dass die Teilnehmer des Klassentreffens alle nur über ein durchschnittliches Gedächtnis verfügen. Niemand kann sich 99 Zahlen in zufälliger Reihenfolge merken – außer Gedächtniskünstler, die es in der Klasse aber nicht gibt. Drei oder vier Zahlen zugleich im Kopf behalten – mehr ist kaum drin.

14) Das Kaninchen am falschen Fleck

Das Sommerfest des Kaninchenzüchtervereins rückt näher. Der Vereinsvorsitzende will die Mitglieder mit einer neuen Tischdecke für den kreisrunden Stammtisch überraschen. Er hat extra ein hübsches Karnickelgesicht daraufdrucken lassen.

Doch dabei ist etwas schiefgelaufen. Der Kopf befindet sich nicht genau in der Mitte der runden Decke, sondern am Rand – siehe Skizze.

Was nun? Man könnte die Decke noch einmal drucken lassen. Das würde dann aber extra kosten, denn der Fehler ist dem Vereinsvorsitzenden unterlaufen. Er hatte den Layout-Vorschlag der Druckerei durchgewinkt, ohne genau draufzuschauen.
Deshalb erwägt der Kaninchenzüchter eine andere Lösung. Seine Tochter kann sehr gut nähen. Sie würde es hinbekommen, die Decke zu zerschneiden und wieder zusammenzufügen, ohne dass es besonders auffällt.
Aber es wäre natürlich gut, wenn sie die Decke nicht in allzu viele Stücke zerschneiden müsste.

Was ist die kleinstmögliche Zahl an Stücken, in die man die Decke zerlegen muss, damit sich der Kaninchenkopf nach dem Zusammenfügen genau in der Mitte befindet?

15) Der Zaubertrick

Mit Zahlenmagie kann man Menschen immer beeindrucken. Ein Zauberer bittet zwei Zuschauer, sich jeweils eine Ziffer größer als null auszusuchen. Also je eine einstellige, positive, ganze Zahl. Wir nennen diese beiden Ziffern A und B.
Dann sollen die beiden Zuschauer aus diesen beiden Ziffern die folgende sechsstellige Zahl bilden:

ABABAB

Die beiden Zuschauer schreiben diese Zahl auf ein großes Blatt Papier und zeigen sie dem Publikum – der Zauberer kennt die beiden Zahlen nicht.
Doch er behauptet: »Diese Zahl ist durch 7 teilbar.«
Die Zuschauer staunen, denn der Zauberer hat recht.

Zufall? Oder stimmt das wirklich für alle denkbaren Ziffern A und B? Falls ja, warum?

16) Wie teilt man das Quadrat?

Gegeben ist ein Quadrat. Sie sollen es in n kleinere Quadrate zerlegen, die nicht zwingend gleich groß sein müssen. n soll dabei eine gerade natürliche Zahl sein.

Für welche geraden Zahlen n ist so eine Aufteilung in kleinere Quadrate möglich? Finden Sie alle diese Zahlen!

17) Ein guter Schnitt

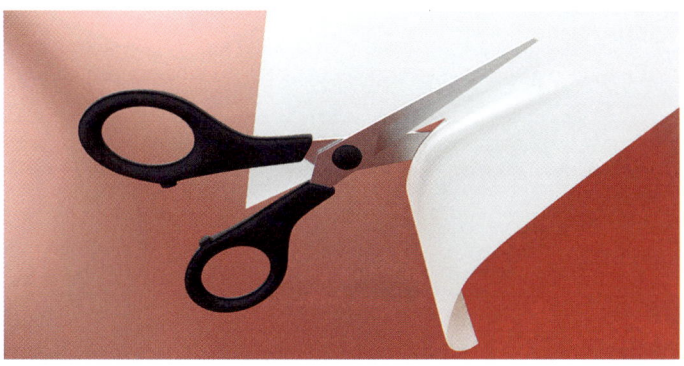

Ein viereckiges Stück Papier soll mit nur zwei geraden Schnitten in sechs Stücke zerschnitten werden. Das Papier darf dabei weder gebogen noch gefaltet werden. Zudem dürfen die Papierstücke nach dem ersten Schnitt nicht neu angeordnet oder übereinandergelegt werden.
Kann das gelingen?

18) Der Münztrick

Tausende Mathematikerinnen und Mathematiker treffen sich für eine Woche zu ihrem weltgrößten Kongress. Abends bevölkern sie die Kneipen und Bars der Stadt.
Ein Barkeeper will schauen, wie kreativ Mathematiker wirklich sind, und stellt den Gästen folgende Aufgabe: »Ich habe hier zehn Münzen. Die sollen über diese drei Plastikbecher verteilt werden. Und zwar so, dass jeder Becher eine ungerade Anzahl von Münzen enthält.«

Die Gäste grübeln. Dann sagt einer: »Das ist doch ganz einfach, aber ich verrate meine Lösung nicht.«
Ein anderer meint: »Nein, das ist nicht möglich. Die Aufgabe ist unlösbar.«
Wer hat recht?

19) Grasen im Quadrat

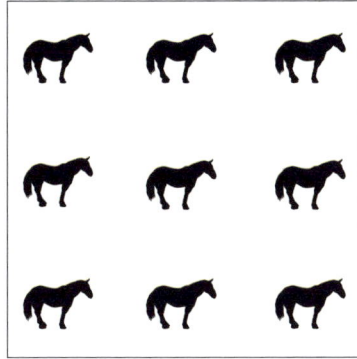

Auf einer quadratischen Weide stehen neun Pferde. Die Tiere mögen einander nicht besonders und haben sich so verteilt, dass keines dem anderen zu nahe kommt. Aber es gibt trotzdem immer wieder Stress zwischen ihnen. Deshalb sollen sie durch zusätzliche Zäune voneinander getrennt werden.

Man könnte das Quadrat in neun kleinere Quadrate aufteilen, aber der Besitzer der Weide hat sich in den Kopf gesetzt, dass zwei Zaun-Quadrate ausreichen müssten, um die Tiere voneinander zu trennen. Jedes Tier soll an der Position bleiben, an der es sich gerade befindet – siehe Zeichnung.
Die beiden zu nutzenden Zäune sollen von oben gesehen wie ein Quadrat aussehen. Es gibt keine Vorgaben zur Größe dieser aus Zaun gebildeten Quadrate.
Gibt es tatsächlich eine solche Aufteilung?

Hinweis: Die für die einzelnen Pferde zur Verfügung stehenden Flächen müssen nicht zwingend gleich groß sein.

Und die beiden aus Zaun gebildeten Quadrate dürfen sich – von oben gesehen – berühren oder einander überlappen.

20) Hausputz für Profis

Nina und Matthias wohnen zu zweit in einer kleinen Villa. Am Samstag müssen sie mal wieder Haus, Terrasse und Rasen auf Vordermann bringen. Sie haben einen Staubsauger, einen Rasenmäher und einen Hochdruckreiniger.

Das Saugen aller Zimmer im Haus dauert 30 Minuten, das Rasenmähen dauert ebenfalls 30 Minuten. Und auch das Reinigen der Platten auf der Terrasse mit dem Hochdruckreiniger beansprucht 30 Minuten.
Jedes der drei Geräte muss von einer Person bedient werden.

Die beiden beginnen den Hausputz um 11 Uhr. Wann sind Nina und Matthias frühestens damit fertig?

21) Ordnung auf dem Kuchenblech

Sie kennen das: Guter Kuchen existiert nicht lange, er wird ziemlich schnell aufgegessen. So ist es auch bei dem Gebäck, um das sich dieses Rätsel dreht.

Es handelt sich um einen harten Kuchen, der von der Konsistenz her am ehesten mit Lebkuchen vergleichbar ist. Vor dem Backen hat der Konditor dünne Linien in den flachen Teig gezogen, die den Kuchen in quadratische Stücke einteilen. Entlang dieser Linien wird er dann auch im Laden geschnitten.

Der Kuchen verkauft sich gut, diverse Stücke sind bereits abgeschnitten.
Der Kuchen hat nun eine unregelmäßige Form, es sind noch genau 64 Stücke übrig. Sie hängen alle noch miteinander zusammen – siehe Zeichnung.
64 ist eine Quadratzahl, denkt sich der Konditor. Die Stücke könnten ein Quadrat aus 8 mal 8 Stücken bilden.

Nun lautet die Frage: Ist es möglich, das große Kuchenstück so in zwei Teile zu schneiden, dass sich diese beiden Teile zu einem Quadrat zusammenlegen lassen?

Hinweis: Schneiden dürfen Sie nur entlang der Schnittlinien, Schnitte um eine Ecke sind erlaubt. Die quadratischen Kuchenstücke der beiden entstehenden Teile müssen jedoch vollständig miteinander zusammenhängen.

22) Ganz von der Kette

Ein Wanderer will auf einer Hütte in den Bergen übernachten. Mindestens eine Nacht, vielleicht auch mehr, maximal jedoch sieben. Die Saison ist so gut wie zu Ende – und er ist der einzige Gast.
Weil der Wanderer noch nicht genau sagen kann, wie viele Tage er bleibt und zudem jeden Tag Touren unternimmt, besteht der Wirt auf einer täglichen Vorauszahlung. »Der Preis beträgt 50 Euro pro Nacht. Mit Karte können Sie hier oben leider nicht zahlen.«
»Oh«, entgegnet der Wanderer. »Da haben wir jetzt ein Problem. Ich habe nämlich gar kein Bargeld dabei. Ich könnte die Übernachtung stattdessen mit Silber bezahlen.«
Der Wanderer zeigt dem Wirt eine Silberkette, die aus sieben Gliedern besteht. Die Kette ist nicht geschlossen, sie hat vielmehr ein Anfangs- und ein Endglied.
»Gut«, sagt der Wirt. »Ich berechne Ihnen ein Kettenglied pro Tag. Und damit die Kette möglichst wenig Schaden nimmt, sollten Sie nur ein Glied aufschneiden.«

Schließlich bleibt der Wanderer sieben Tage auf der Hütte – und er hat auch keinerlei Probleme mit der täglichen Vorauszahlung in Höhe von einem Kettenglied.
Wie hat der Wanderer das hinbekommen?

23) Das magische Quadrat

4	7	2	13	6	1
18	21	16	(27)	20	15
15	18	13	24	17	12
21	24	19	30	23	18
24	27	22	33	26	21
27	30	25	36	29	24

Magische Quadrate gibt es in ganz verschiedenen Varianten: Mal enthalten sie Zahlen, mal Buchstaben, mal Farben. Üblicherweise gilt ein Zahlenquadrat als magisch, wenn die Summe der Zahlen in allen Zeilen und Spalten gleich groß ist. Beim Quadrat dieses Rätsels ist das nicht der Fall. Beispielsweise ist die Summe der Zahlen in der obersten Zeile kleiner als eine Zeile darunter. Gleichwohl darf man das Quadrat magisch nennen.

Die Magie zeigt sich, wenn Sie wie folgt vorgehen:
Wählen Sie eine beliebige Zahl und umkreisen Sie diese (im Bild oben die 27).

Streichen Sie alle Zahlen, die in derselben Zeile und Spalte stehen wie die gewählte Zahl.

Umkreisen Sie eine neue, beliebige Zahl. Diese darf weder umkreist noch durchgestrichen sein. Streichen Sie wieder alle Zahlen, die in derselben Zeile und Spalte stehen wie die gewählte Zahl.

Wiederholen Sie diese Schritte, bis alle Zahlen umkreist oder durchgestrichen sind.

Addieren Sie alle eingekreisten Zahlen.

Kann es sein, dass diese Summe immer dieselbe ist, egal, welche Zahlen Sie ausgewählt haben? Falls das stimmt: Wie groß ist diese Summe? Und warum ist die Summe immer gleich?

Unbekannt, natürlich, rational:
Knobeleien mit Zahlen

Verflixte Quersummen, ein seltsamer Herbergsvater, 1770 Taler – in diesem Kapitel kommen Zahlen auf den Tisch. Denken Sie daran: Abgerechnet wird zum Schluss!

24) Wie alt sind Cheryls Kinder?

Tom trifft zum ersten Mal seine neue Nachbarin Cheryl und fragt: »Wie viele Kinder hast du?«
Cheryl: »Drei.«
Tom: »Und wie alt sind die?«
Cheryl: »Das Produkt der Jahre ist 36. Und die Summe der Jahre entspricht genau dem heutigen Datum.«
Tom grübelt. Dann sagt er: »Ich krieg's nicht raus, mir fehlen noch Informationen.«

Cheryl antwortet: »Sorry, ich habe vergessen zu sagen, dass das älteste Kind gern Erdbeermilch trinkt.«
Wie alt sind die drei Kinder?

25) Die drei mit dem Zahlen-Fetisch

Achim	Maria	Horst
1004	1000	1002
4008	6332	6663
1447	5316	3006
3141	3338	9630

Jeden Sonntag verabreden sich drei Zahlenliebhaber, um gemeinsam ihrem Fetisch zu frönen. Achim kommt aus Viersen und liebt Vieren. Maria wohnt im benachbarten Mönchengladbach und verabscheut Vieren – nicht zuletzt wegen eines Fußballvereins aus Gelsenkirchen, der die Zahl 4 im Namen trägt. Der Dritte im Bunde ist Horst aus Dreieich bei Frankfurt, der logischerweise total auf Dreien abfährt.

Das Trio beschäftigt sich am liebsten den ganzen Tag mit Zahlen. An diesem Sonntag hat jeder eine lange Liste erstellt:

- Achim hat alle vierstelligen Zahlen aufgeschrieben, in denen mindestens eine 4 auftaucht.
- Maria hat alle vierstelligen Zahlen notiert, in denen keine 4 vorkommt.
- Horsts Liste enthält alle durch 3 teilbaren vierstelligen Zahlen.

Als die Listen fertig sind, sagt Horst: »Meine Liste ist die längste.«
Maria widerspricht: »Quatsch! Ich habe die meisten Zahlen.«
Daraufhin Achim: »Haha! Natürlich ist meine Liste am längsten.«

Wer hat recht?

26) Wie viel Geld bleibt für den Bruder?

Hobbys können richtig teuer werden. Zwei Schwestern haben jahrelang gemeinsam Actionfiguren gesammelt – aber nun ist Schluss damit. Um zumindest einen Teil ihrer Ausgaben zurückzubekommen, verkaufen sie ihre komplette Sammlung.

Alle Figuren werden zum selben Preis verkauft. Der Erlös je Figur ist ein glatter Eurobetrag – und diese Zahl entspricht zufällig auch genau der Anzahl der Figuren, wie die Schwestern nach dem Verkauf feststellen.

Den Erlös verteilen die beiden folgendermaßen:

Die erste Schwester erhält 10 Euro, die zweite 10 Euro, dann wieder die erste 10 Euro, die zweite 10 Euro und so weiter. Nachdem die erste Schwester zum letzten Mal 10 Euro erhalten hat, verbleibt ein Rest, der kleiner als 10 Euro ist. Diesen Rest schenken sie ihrem kleinen Bruder.

Wie viel Geld hat der Junge bekommen?

27) Ochsen, Pferde und 1770 Taler

Das folgende Rätsel kenne ich aus einer Mail von einer Bekannten mit dem Betreff »Hilfe! Mathe!«. Es ging darin um ein Problem, das ihr 13-jähriger Sohn als Hausaufgabe bekommen hatte und dessen Lösung Mutter wie Sohn überforderte.

Ich habe mir das Rätsel dann genauer angesehen – und es ist in der Tat schwieriger, als es den Anschein hat. Es geht auf den Mathematiker Leonard Euler zurück – und ich bin gespannt, ob und wie schnell Sie es lösen können.

Hier der Original-Aufgabentext aus dem 1821 erschienenen Buch »Auszug aus Herrn Leonard Eulers vollständigen Anleitung zur Algebra«, herausgegeben von Johann Jacob Ebert: »Ein Amtmann kauft Pferde und Ochsen zusammen für 1770 Taler. Für ein Pferd zahlt er 31 Taler, für einen Ochsen aber 21 Taler. Wie viel sind es Pferde und Ochsen gewesen?«

28) Zimmerquiz in der Jugendherberge

Musste es ausgerechnet diese Jugendherberge sein? Die Kinder aus den beiden Schulklassen hatten sich so sehr auf die Reise gefreut. Vier Tage kein Unterricht. Und nun stellt sich heraus, dass der Herbergsvater ein pensionierter Mathelehrer ist, der in Rätseln spricht.

»Ihr seid genau 41 Kinder«, sagt der grauhaarige Zahlenfuchs zur Begrüßung. »Genauso viele Betten hat meine Herberge in den insgesamt zwölf Zimmern – was für ein Zufall! Ich habe Zimmer mit drei, vier und fünf Betten – von jedem mindestens eins, von den Vierbettzimmern sogar mehr als eins. Und es gibt mehr Dreibettzimmer als Zimmer mit vier oder fünf Betten.«
Die Kinder sind genervt. Was soll das jetzt?
»Wenn ihr herausfindet, wie viele Zimmer mit wie vielen Betten es bei mir in der Herberge gibt, bekommt ihr die Schlüs-

sel«, sagt der Mann. »Ich bin gespannt, ob ich heute Nacht Gäste habe oder nicht.«

Die Kinder stecken die Köpfe zusammen und fangen an zu rechnen. Nach ein paar Minuten haben sie eine Lösung gefunden – und es gibt nur diese eine. Die Übernachtung ist gesichert.
Wie verteilen sich die 41 Betten auf die zwölf Zimmer?

29) Wir suchen die achtstellige Superzahl

Zahlen mit ganz bestimmten Eigenschaften werden immer wieder gebraucht. Mal sollen sie gar keine Teiler haben außer 1 und sich selbst – Stichwort Primzahlen. Mal kommt es gerade darauf an, dass sie durch eine oder mehrere vorgegebene Zahlen teilbar sind.

Im folgenden Rätsel geht es um achtstellige natürliche Zahlen, die zwei Bedingungen erfüllen:

- Alle acht Ziffern sind verschieden.
- Die Zahl ist durch 36 teilbar.

Ihre Aufgabe ist, die kleinstmögliche achtstellige Zahl zu finden, welche beide Bedingungen erfüllt.

30) Verrückter Zahlendreher

Nach einer kleinen Änderung ist etwas plötzlich dreimal so groß wie zuvor – das kommt im Alltag eher selten vor. In der Mathematik aber ist es nichts Besonderes, wie das folgende Rätsel zeigt.

Es geht darin um eine sechsstellige natürliche Zahl. Sie streichen die erste Ziffer ganz vorn und hängen sie am Ende der Zahl wieder an. Das Ergebnis ist wiederum eine sechsstellige Zahl, allerdings ist diese dreimal so groß wie die Ausgangszahl.

Finden Sie alle Zahlen, für die das zutrifft!

31) Verflixte 81

Finden Sie alle natürlichen Zahlen n < 100, für die

$n^2 - 81$

durch 100 teilbar ist!

32) Brüchige Angelegenheit

Schon vor mindestens 5000 Jahren kannten Menschen Bruchzahlen. Aus Mesopotamien sind Schriften überliefert, die ganze und gebrochene Zahlen enthalten. Doch erst im Mittelalter bekamen sie eine eigene Bezeichnung: rationale

Zahlen. Sie können als Bruch oder Verhältnis (ratio) zweier ganzer Zahlen dargestellt werden.

Beispiele für rationale Zahlen sind 2/3 oder 1/27 – aber das wissen Sie wahrscheinlich. Die Frage ist: Wie gut können Sie mit gebrochenen Zahlen rechnen?

Die Aufgabe lautet: Finden Sie alle Lösungen der Gleichung

$$\frac{1}{x} + \frac{1}{y} + \frac{1}{z} = 1$$

Wobei x, y und z natürliche Zahlen sind, die alle größer als Null sind.

33) Blind Date mit zwei Unbekannten

Finden Sie alle natürlichen Zahlen x und y, die folgende Gleichung erfüllen:

$x^3 - y^3 = 721$

34) 100 Affen bekommen 1600 Kokosnüsse

Jetzt geht's um die Nuss. Genauer gesagt um die Kokosnuss. Und sogar um gleich 1600 Stück davon. Für diese Nüsse interessieren sich 100 Affen. Jeder könnte 16 Stück bekommen – das wäre fair. Doch das Verteilen geschieht vollkommen willkürlich. Es ist sogar möglich, dass einzelne Affen gar keine Kokosnuss abbekommen.

Sie sollen nun beweisen, dass man unter den 100 Affen stets mindestens vier findet, die gleich viele Nüsse erhalten haben. Ganz egal, wie die Kokosnüsse verteilt wurden.

Von Lügnern und Zwergen:
Knifflige Logikrätsel

Wie findet man die Wahrheit heraus, wenn unklar ist, wer überhaupt die Wahrheit sagt? Willkommen im Reich der Logik! Sie ist die Basis der Mathematik – und bietet spannende Knobeleien.

35) Lügen, Wahrheiten und ein Virus

Zwei Gruppen von Menschen bewohnen gemeinsam eine Insel. Die erste Gruppe, wir nennen sie Ritter, sagt stets die Wahrheit. Die zweite Gruppe, genannt Schurken, lügt immer. Wir können den Inselbewohnern nicht ansehen, zu welcher Gruppe sie gehören. Aber es ist möglich, ihnen Fragen zu stellen und aus den Antworten abzuleiten, ob es sich um Ritter oder Schurken handelt.
Ein einfaches Beispiel: Die Frage »Was ist eins plus eins?« würden Ritter wahrheitsgemäß mit »zwei« beantworten. Schurken hingegen würden eine falsche Antwort geben.
Seit einiger Zeit grassiert ein rätselhaftes Virus auf der Insel. Es breitet sich relativ langsam aus – nur ein Teil der Bewohner

ist erkrankt. Die Krankheit führt dazu, dass die Betroffenen die Rolle wechseln: Ein kranker Ritter lügt immer, ein kranker Schurke sagt stets die Wahrheit.

Welche Frage müssen Sie einem Inselbewohner stellen, um herauszufinden, ob er beziehungsweise sie zur Gruppe der Schurken oder Ritter gehört?

Erlaubt ist nur eine einzige Frage, die ausschließlich mit Ja oder Nein beantwortet werden kann. Sie wissen nicht, ob die befragte Person erkrankt ist oder nicht.

36) Wer ist der Dieb?

Wenn ehrliche Menschen mit notorischen Lügnern zusammenleben, ist der Ärger programmiert. So wie auf der Insel True Lies, auf der die Polizei gerade versucht, einen spektakulären Diebstahl aufzuklären. Der wertvolle Goldschatz aus dem Museum ist verschwunden – und es ist unklar, wer der Täter ist.

Immerhin konnte die Polizei den Kreis der Verdächtigen auf drei Personen eingrenzen: Adam, Bert und Chris. Einer von ihnen ist der Dieb. Die Polizei weiß zudem, dass mindestens einer von den dreien ein notorischer Lügner ist und mindestens einer stets die Wahrheit sagt. Und dass es auf der Insel nur notorische Lügner und ehrliche Menschen gibt, die niemals lügen.

Fest steht außerdem, dass der Dieb zu den stets lügenden Inselbewohnern gehören muss. Denn die ehrlichen Bewohner, die immer die Wahrheit sagen, begehen keine Straftaten.

Auf der Wache kommt es zu folgendem Gespräch:

Adam: »Ich habe den Goldschatz gestohlen.«
Bert: »Adam hat recht.«
Chris mustert die beiden, sagt aber nichts.

Darauf meint der Kommissar: »Der Fall ist aufgeklärt.«

Hat der Kommissar recht? Falls ja, wer ist der gesuchte Dieb?

37) Verheiratet oder ledig?

Das nächste Problem stammt ebenfalls von der seltsamen Insel, wo jeder entweder ein Lügner ist oder immer die Wahrheit sagt.

Sie sind dort zu Besuch und gehen über einen leeren Platz, als plötzlich eine Frau auftaucht und sagt: »Ich bin eine verheiratete Lügnerin.«

Was wissen Sie über diese Frau? Ist sie tatsächlich verheiratet? Ist sie eine Lügnerin?

38) Wer hat die weiße Mütze?

Drei Männer sind zum Tode verurteilt – aber der Richter gibt ihnen noch eine letzte Chance: »Einer von euch hat eine weiße Mütze auf, die anderen tragen graue Mützen. Wenn sich derjenige mit der weißen Mütze bei mir meldet, sollt ihr leben. Ihr dürft aber nicht miteinander reden.«

Die Männer stehen in einer Reihe hintereinander, jeder darf nur nach vorn blicken und kann die Farbe der eigenen Mütze nicht sehen. Dafür sieht jeder aber die Mütze beziehungsweise die Mützen des oder der vor ihm Stehenden – mit Ausnahme des Mannes ganz vorn, denn vor ihm ist ja niemand.

Wie können die drei ihr Leben retten?

39) Wie geht die Reihe weiter?

Vier Bilder, die sich in wenigen Details unterscheiden, und ein fünftes Bild, das als nächstes folgen soll – das ist das Prinzip vieler Logikrätsel. Es geht dabei darum, die Reihe fortzusetzen. Solche Aufgaben werden auch gern in IQ- oder Einstellungstests genutzt. Meist sind sie nicht allzu schwer.

Bei diesem Rätsel habe ich versucht, die Herausforderung etwas größer zu machen als üblich. Ich hoffe, das ist gelungen.

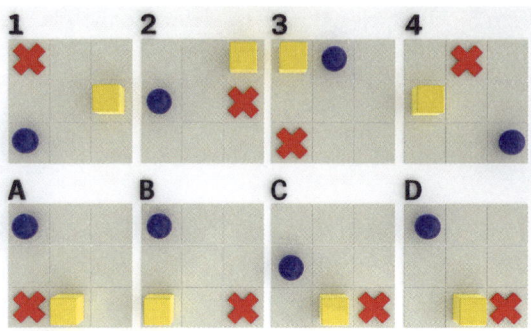

Wissen Sie, welches der Bilder A, B, C oder D auf die oberen vier Bilder als nächstes folgt? Wenn man davon ausgeht, dass hinter der Reihe von 1 bis 4 ein logisches Prinzip steckt?

40) Alles nur gelogen?

Auf dem Tisch liegt ein dicker Wälzer mit zweifelhaftem Inhalt: Insgesamt 2019 Seiten umfasst das Buch. Auf jeder Seite steht nur ein einziger Satz. Der auf Seite 1 lautet:

In diesem Buch steht genau eine Lüge.

Auf Seite 2 steht:

In diesem Buch stehen genau zwei Lügen.

So geht es nach demselben Schema immer weiter. Auf jeder Seite steht, dass die Anzahl der Lügen in dem Buch genau der jeweiligen Seitenzahl entspricht. Auf Seite 2019 findet sich folgerichtig folgender Satz:

In diesem Buch stehen genau 2019 Lügen.

Nun die Frage an Sie: Steht in diesem Buch irgendwo die Wahrheit? Falls ja, wo?

41) Die raffinierten Schweigemönche

In einem abgelegenen Kloster, fernab von der modernen Zivilisation, führen Mönche ein Leben wie im frühen Mittelalter. Es gibt keine moderne Technik – nicht einmal Waschbecken und Spiegel.
Die Klosterbewohner leben zudem isoliert von den anderen in Einzelzellen und haben ein Schweigegelübde abgelegt. Sie dürfen weder miteinander reden noch sich auf andere Weise untereinander verständigen. Jeden Tag treffen sich die Mönche zu einem gemeinsamen Mittagessen. Dann hält der Abt manchmal sogar eine kurze Rede.

Eines Tages berichtet er von einer schrecklichen Krankheit, die seit wenigen Tagen im Kloster wütet. Mindestens ein Mönch habe diese Krankheit bereits, man erkenne Betroffene an einem blauen Punkt auf der Stirn. Ansonsten gebe es im Anfangsstadium keine weiteren Symptome. Würden Erkrankte innerhalb von zwei Wochen isoliert, drohe den anderen Mönchen keine Infektion.

»Alle Mönche, die wissen, dass sie die Krankheit haben, sollen noch vor dem nächsten gemeinsamen Mittagessen das Kloster verlassen«, sagt der Abt. Auf diese Weise lasse sich verhindern, dass sich die Krankheit weiter ausbreite.

Die Mönche müssten sich trotz der grassierenden Krankheit aber weiter an alle Regeln des Klosters halten, betont der Abt. Er sei jedoch sicher, dass alle Infizierten schon bald gefunden würden, denn die Mönche seien bekanntlich exzellente Logikkenner.

Am achten Tag nach der Rede des Abts fehlt ein Drittel der Mönche beim Mittagessen. Es sind genau jene, die tatsächlich die Krankheit haben. Wie viele Mönche lebten ursprünglich im Kloster?

42) Falsche Fährte?

Sie befinden sich auf einer Insel, auf der zwei Stämme leben. Die einen sagen stets die Wahrheit, die anderen lügen immer. Äußerlich unterscheiden sich die Stämme nicht, man kann also nicht erkennen, ob jemand zum Stamm der Lügner gehört oder nicht.

Sie wollen zum Schloss gehen und kommen an eine Weggabelung und wissen nicht, welchen Weg Sie nehmen sollen. Zum Glück sitzt an der Weggabelung ein Mann, den Sie nach dem Weg fragen können.

Er ist von der Insel – aber welchem Stamm er angehört, wissen Sie nicht. Sie dürfen ihm genau eine Frage stellen, um den Weg zu erfahren. Weil heute Sonntag ist und die Menschen auf der Insel dann möglichst wenig sprechen wollen, ist nur eine Frage erlaubt, auf die man mit »Ja« oder »Nein« antwortet.

Welche Frage müssen Sie stellen?

43) Die Wahrheit kommt ans Licht

In einem Restaurant sitzen drei Männer. Jeder von ihnen lügt permanent oder sagt stets die Wahrheit. Wie viele Lügner unter ihnen sind, möchte der Kellner herausfinden. Er stellt jedem der drei Männer dieselbe Frage: »Bist du ein Lügner oder ein Freund der Wahrheit?«

Der erste Mann antwortet, aber so leise, dass der Kellner ihn nicht versteht.
Der zweite sagt: »Der erste hat auf jeden Fall gesagt, er sage immer die Wahrheit. Das ist wahr. Und auch ich sage immer die Wahrheit.«
Der dritte erklärt: »Ich sage stets die Wahrheit. Doch die anderen beiden sind Lügner.«

Der Kellner ist etwas ratlos. Zumal ihm inzwischen klar geworden ist, dass seine Frage nicht gut gewählt war.

Können Sie ihm helfen, herauszufinden, wer wer ist?

44) Clever gefragt

Ein Zauberer ist auf einer Insel gelandet, auf der es zwei Gruppen von Menschen gibt. Die einen lügen immer, die anderen sagen stets die Wahrheit. Es gibt kein äußeres Merkmal, an dem man die Menschen aus den beiden Gruppen voneinander unterscheiden kann.

In einem Café trifft der Zauberer eine Frau, von der er nicht weiß, zu welcher Gruppe sie gehört. Er darf ihr eine Frage stellen, um das herauszufinden.
Die Frage muss allerdings einer Bedingung genügen: Der Zauberer darf die richtige, also die der Wahrheit entsprechende Antwort darauf nicht kennen. Die naheliegende Frage, was 1 + 1 ist, hat sich damit erledigt.
Der Zauberer überlegt kurz, fängt an zu grinsen und sagt dann: »Ich weiß, was ich frage.«

Wissen Sie es auch?

45) Der Weihnachtsmann an der Kreuzung

Heiligabend rückt näher und der Weihnachtsmann hat es eilig. Er will schnell in die Stadt, um seine Geschenke zu verteilen. Aber dann kommt er an eine Kreuzung, an der er entscheiden muss, ob er geradeaus weitergeht oder nach rechts oder links abbiegt. Welche der drei Straßen ist die richtige?

Zum Glück sitzt eine Eule an der Kreuzung, die der Weihnachtsmann befragen kann. Allerdings haben die Eulen in diesem Teil des Landes komische Angewohnheiten:

Sie beantworten Fragen nur mit Ja oder Nein.
Zudem wechseln sich bei Eulen Wahrheit und Lüge immer miteinander ab. Nach einer wahren Antwort beispielsweise lügen sie bei der nächsten Frage, um bei der übernächsten wieder die Wahrheit zu sagen.

Der Weihnachtsmann darf der Eule nur zwei Fragen stellen. Er weiß auch nicht, ob die Eule zuerst mit einer Lüge antwortet oder die Wahrheit sagt.

Mit welchen zwei Fragen findet der Weihnachtsmann den richtigen Weg in die Stadt?

Punkte, Linien, Kreise:
Geometrie ist alles

Mathematik gilt als abstrakte Kunst. Doch das stimmt nicht. Denn Geometrie macht sie sehr anschaulich. Das zeigen die Rätsel dieses Kapitels.

46) Die dreieckige Pyramide

Wir wollen aus einem quadratischen Stück Papier eine Pyramide bauen. Auf dem Blatt sind drei Linien gezeichnet. Benutzen Sie diese drei Linien als Kanten, um die drei grauen Ecken des Quadrats nach oben zu falten. Dabei entsteht eine Pyramide mit dreieckiger Grundfläche. Welche Höhe hat diese Pyramide?

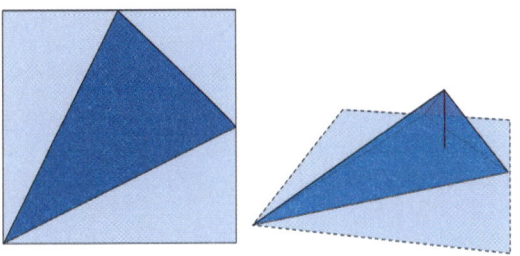

Hinweis: Die Seitenlänge des Quadrats beträgt 1. Zwei Faltkanten führen von der linken Ecke zu den Mittelpunkten der rechten und der oberen Quadratseite. Die dritte Faltkante verbindet die Mittelpunkte von rechter und der oberer Quadratseite.

47) Traumfigur gesucht

Die folgende Knobelei ist schon mehr als 200 Jahre alt und geht auf den Berliner Spielzeughändler Peter Friedrich Catel zurück. Der Feinmechaniker veröffentlichte 1790 einen illustrierten Warenkatalog mit Hunderten Puzzles und mathematischen Spielereien.

Ein Produkt darin war ein aus Pflaumenbaumholz gefertigtes Brett mit drei Öffnungen. Es hieß »Die mathematischen Löcher« und kostete acht Pfennige.
Im Holz befanden sich ein quadratisches, ein dreieckiges und ein rundes Loch, wobei der Durchmesser des Kreises, die Seitenlänge des Quadrats und die Basis des Dreiecks gleich groß waren – siehe Bild oben.

Die Aufgabe formulierte Catel wie folgt: Man solle die dreidimensionale »Figur« angeben, »welche durch alle drei Löcher gehen könne« und diese dabei »vollkommen verstopfe oder ausfülle«. Man könne den gesuchten Körper aus Brot, Kork oder Käse schneiden, empfahl der Spielwarenerfinder.

Gibt es einen Körper, der durch alle drei Löcher passt und diese beim Durchschieben vollkommen verschließt?

48) Die eng umschlungene Erde

Mathematische Intuition ist ein faszinierendes Phänomen. Wir ahnen die richtige Lösung eines Problems, ohne es genau durchdacht zu haben. Dabei hilft uns unter anderem Erfahrung – manchmal ist es aber auch einfach nur ein Gefühl.

Wie ist es um Ihre mathematische Intuition bestellt? Die folgende Aufgabe ist ein guter Test dafür. Versuchen Sie die Frage bitte zuerst aus dem Bauch heraus zu beantworten. Und erst danach eine genaue Analyse vorzunehmen. Kommen Sie in beiden Fällen auf dasselbe Ergebnis?

Hier die Aufgabe:

Um unseren Planeten ist entlang des Äquators ein Stoffband geschlungen. Der Einfachheit halber nehmen wir an, dass die Erdoberfläche exakt kugelförmig ist. Es gibt also weder Berge noch Täler und auch der Meeresspiegel hat die gleiche Höhe wie das Land. Das Band ist exakt genauso lang wie der Äquator – und zwar 40.000 Kilometer. Es ist exakt kreisförmig und liegt ohne Falten – sowohl an Land als auch auf dem Wasser.

Im Norden Brasiliens schneidet jemand das Band durch, fügt ein ein Meter langes Zusatzstück ein und näht das Band wieder zusammen. Es ist damit einen Meter länger.
Nun wird das verlängerte Band gleichmäßig um die Erde gespannt, sodass es wieder einen Kreis bildet, dessen Mittelpunkt mit dem Erdmittelpunkt zusammenfällt.

Wie groß ist dann der Abstand des Bandes von der Erdoberfläche?
    a) weniger als 10 Zentimeter
    b) 10 bis 20 Zentimeter
    c) mehr als 20 Zentimeter

49) Zehn Bäume in fünf Reihen

Schon im alten Ägypten legten Menschen prachtvolle Gärten an. Zu einer eigenen Kunstform entwickelte sich der Gartenbau aber erst viel später – in der Renaissance und im Barock. Wer heute durch den Schlosspark von Versailles wandelt, staunt über die Vielfalt geometrischer Formen, derer sich die Landschaftsarchitekten damals bedienten.

Ein gutes Verständnis der Geometrie benötigt auch der Held des folgenden Rätsels – ein Gärtner. Er soll zehn kleine Bäume, die in kleinen Töpfen geliefert wurden, auf eine Wiese gleich neben dem gepflasterten Weg pflanzen. Aber nicht einfach so. Die zehn Bäume sollen vielmehr fünf gerade Reihen bilden, die aus je vier Bäumen bestehen. So wünscht sich das zumindest die Besitzerin des Grundstücks.

Kann der Gärtner diesen Wunsch erfüllen? Falls ja – wie?

50) Wie groß ist das innere Quadrat?

Matroschkas sind eine faszinierende Erfindung: In einer Figur steckt eine kleinere Version davon, und darin eine noch kleinere – und so weiter. Im folgenden Rätsel geht es um eine geometrische Variante dieser aus Russland bekannten Holzfiguren.

In einem Quadrat befindet sich ein Kreis, der so groß ist, dass er alle vier Seiten des Quadrats berührt. In dem Kreis wiederum steckt ein weiteres Quadrat, dessen vier Ecken den Kreis von innen berühren.

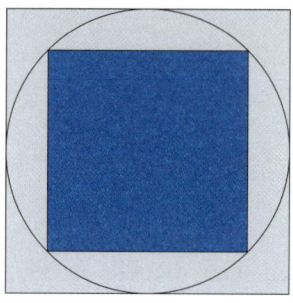

Der Einfachheit halber gehen wir davon aus, dass die Liniendicke null beträgt. Also liegen die Eckpunkte des inneren Quadrats auf dem Kreis.

Wenn Sie die Fläche des großen grauen Quadrats kennen – wie groß ist im Verhältnis dazu die Fläche des inneren blauen Quadrats?

51) Der rollende Euro

Seit fast 20 Jahren gibt es den Euro. Viele können sich nur noch dunkel an die Geldscheine und Münzen erinnern, die davor in Deutschland galten. Zu den auffälligsten Neuerungen bei den Münzen gehörten das Ein- und das Zweieurostück.

Beide bestehen aus zwei Teilen – dem Ring und dem Kern. Um diese beiden Elemente dreht sich das neue Rätsel – und zwar im buchstäblichen Sinn!

Das Eurostück wird auf einer Ebene genau eine Umdrehung gerollt. Die Strecke A1–A2 ist dann genauso lang wie der Umfang der Münze – siehe folgende Skizze:

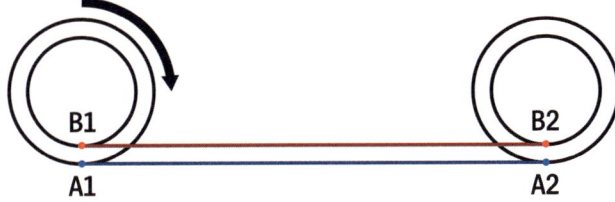

Der kreisrunde Kern der Münze rollt die Strecke B1–B2 ab. Wie die Skizze zeigt, sind die Strecken A1–A2 und B1–B2 gleich lang. Wenn das aber zutrifft, dann müssten die Euromünze und der kleinere runde Kern darin den gleich großen Durchmesser haben.

Was stimmt hier nicht?

52) Der Kreis im Pizzastück

Wenn Sie eine kreisrunde Pizza in sechs gleich große Stücke zerschneiden, entstehen sogenannte Kreissektoren mit einem Winkel von 60 Grad an der Spitze.

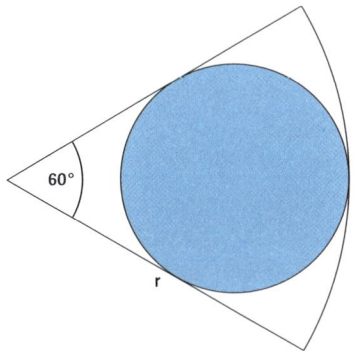

In einen solchen Kreissektor ist ein Kreis gezeichnet, der die Außenkanten des Sektors berührt – siehe Zeichnung.

Wie groß ist der Radius R dieses Innenkreises im Vergleich zum Radius r der Pizza?

53) 16 auf einen Streich

»Das ist das Haus vom Ni-ko-laus« – jedes Kind kennt dieses Zeichenspiel. Es geht darum, die Linien eines Hauses zu ziehen, wobei jede Silbe des Reims für einen Strich steht. Jede Linie wird nur einmal gezeichnet – und der Stift darf dabei nicht abgesetzt werden.

Die folgende Aufgabe ist von ganz ähnlicher Natur: Sie sollen sechs gerade Striche ziehen – und dürfen dabei ebenfalls nicht neu ansetzen. Doch im Unterschied zum Nikolaus-Haus sind nicht die Striche selbst vorgegeben, sondern 16 Punkte.
Jeder dieser 16 Punkte muss von einem Strich mindestens

einmal berührt werden. Nicht irgendwo am Rand, sondern genau in der Mitte.
Bekommen Sie das hin?

54) Schnittige Würfel

Ihr räumliches Denken ist gefragt, wenn Sie die folgende Aufgabe lösen möchten. Wir wollen einen Würfel mit einem geraden Schnitt zerteilen. Dabei entstehen zwei kleinere Körper – die Schnittfläche ist eben. Welche geometrischen Formen kann die Schnittfläche bilden?

Ein Quadrat – das klappt auf jeden Fall. Dazu legen wir die Schnittebene einfach parallel zu einer Seitenfläche des Würfels.

Wie aber sieht es mit folgenden Formen für die Schnittfläche aus?

- gleichseitiges Dreieck,
- regelmäßiges Fünfeck,
- regelmäßiges Sechseck?

Können diese entstehen, wenn man einen Würfel mit einem geraden Schnitt zerteilt? Falls ja, wo muss die Schnittebene liegen?

55) Umschlossen von sechs Kreisen

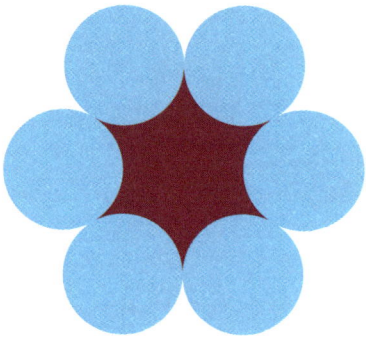

Sechs gleich große Kreise sind so aneinandergelegt, dass ihre Mittelpunkte ein regelmäßiges Sechseck bilden. Wie groß ist die von den Kreisen umschlossene Fläche, die in der Zeichnung rot gefärbt ist?

Hinweis: Der Radius der sechs Kreise soll 1 betragen.

56) Schräger Schnitt

In einem Würfel steckt viel mehr, als man glaubt. Man kann ihn zum Beispiel mit einem geraden Schnitt in zwei Hälften teilen, sodass die Schnittfläche ein gleichseitiges Dreieck ist. Als Schnittfläche ist auch ein regelmäßiges Sechseck möglich.

Die folgende Aufgabe wird Ihr räumliches Denkvermögen womöglich an seine Grenzen bringen. Wieder soll ein Würfel so zerschnitten werden, dass die Schnittfläche ein regelmäßiges Sechseck ist.
Doch es handelt sich nicht um einen normalen Würfel. Vielmehr hat er drei durchgehende Öffnungen mit quadratischem Querschnitt. Die Seitenlänge dieser Querschnittsquadrate beträgt genau ein Drittel der Kantenlänge des Würfels – siehe Zeichnung oben.
Dieser mit Öffnungen versehene Würfel soll nun so zerschnitten werden, dass eine Schnittfläche entsteht, die als äußere

Begrenzung ein regelmäßiges Sechseck hat. Doch die Schnittfläche ist keine geschlossene Fläche – in der Mitte hat sie offensichtlich eine Öffnung.

Wie genau sieht die sechseckige Schnittfläche aus?

Gut durchdacht:
Clevere Strategien gesucht

Roulette, Skat, Schach – Mathematik spielt eine wichtige Rolle bei der Suche nach einer guten Spieltaktik. Auch bei den folgenden Rätseln sind raffinierte Strategien gefragt.

57) 100 Münzen auf dem Tisch

Michael und seine Freundin Susanne haben sich ein Spiel ausgedacht, bei dem 100 Ein-Cent-Münzen auf einem Tisch liegen. Abwechselnd darf jeder Spieler zwischen einem und sechs Cent-Stücke vom Tisch nehmen. Die konkrete Anzahl dürfen beide bei jedem Zug beliebig wählen. Gewonnen hat am Ende, wer die letzte Münze vom Tisch nimmt.

Susanne darf beginnen, also zuerst eine oder höchstens sechs Münzen vom Tisch nehmen. Wie muss sie vorgehen, damit sie das Spiel auf jeden Fall gewinnt?

58) Jetzt ganz Schaf aufpassen

Frisches Gras muss her: Auf der Suche nach einer neuen Weide ist drei Schafen ein Fluss im Weg – und ihre Begleitung ist ihnen auch nicht geheuer.

Zusammen mit drei Wölfen stehen sie am Ufer des Flusses und wollen auf die andere Seite übersetzen – alle sechs. Doch das kleine Ruderboot bietet nur Platz für höchstens zwei Tiere.
Theoretisch könnte ein Schaf die übrigen fünf Tiere eines nach dem anderen auf die andere Seite rudern. Doch dann würden sich mitunter auf einer Uferseite mehr Wölfe als Schafe befinden und Letztere um ihr Leben fürchten.

Wie muss die Überfahrt organisiert werden, damit die Schafe nie in der Unterzahl sind und alle sechs Reisenden unversehrt auf der anderen Seite ankommen?

59) Ein König auf der Flucht

Auf einem Schachbrett befinden sich zwei Figuren. Der König steht unten rechts in der Ecke, ein Springer oben links in der gegenüberliegenden Ecke.

Der Springer soll den König schlagen, der König will dies natürlich verhindern.
Beide Figuren bewegen sich wie im regulären Schachspiel: der König immer auf ein benachbartes Feld (gerade oder diagonal), der Springer vollführt den sogenannten Rösslsprung (eins zur Seite, zwei Felder nach vorn).

Der Springer hat den ersten Zug. Wie geht die Jagd aus?

60) Exakt 100 Punkte abräumen – nur wie?

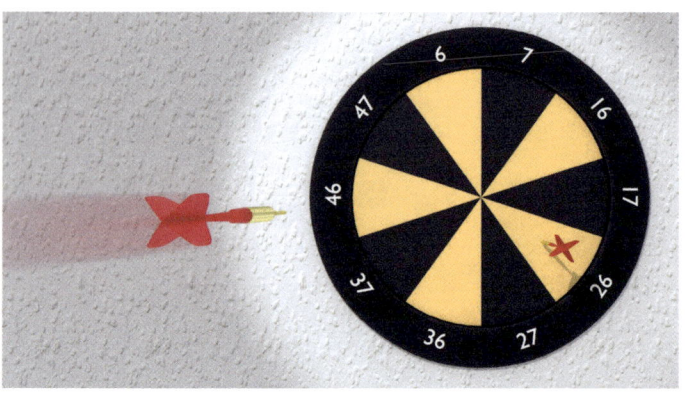

Dart galt lange als ein typisches Kneipenspiel. Doch die Zeiten haben sich geändert. Längst werden Profiturniere auch im deutschen Fernsehen übertragen. Und Spieler wie Gary Anderson (»The Flying Scotsman«) feiern die Fans wie Superstars.

Die Dart-Scheibe bei diesem Rätsel unterscheidet sich von der, die bei offiziellen Turnieren zum Einsatz kommt. Die Ringe für doppelte und dreifache Punktzahlen fehlen ebenso wie das sogenannte Bull's Eye in der Mitte.

Und statt 20 Feldern von 1 bis 20 Punkten hat die Scheibe nur 10 verschiedene – siehe Zeichnung. In den 10 Feldern stehen die folgenden Punktzahlen:

6, 7, 16, 17, 26, 27, 36, 37, 46, 47

Die drei Spieler Mike, Christian und Ayla haben sich zu einem Spiel verabredet, bei dem es darum geht, auf exakt 100 Punkte zu kommen. Wegen der seltsamen Punktzahlen grübeln die drei erst mal eine Weile, ob das überhaupt möglich ist. Die Spieler werfen äußerst präzise, sie treffen in der Regel das Feld, das sie anvisiert haben. Schließlich machen sie folgende Aussagen:

Mike: »Ich kann mit drei Würfen 100 Punkte machen.«
Christian: »Keine Ahnung, ob das geht. Mit sechs Würfen aber klappt es auf jeden Fall.«
Ayla: »Ich weiß, dass ich es mit acht Würfen schaffen kann.«

Wer hat recht?

Hinweis: Ein Feld darf auch doppelt oder mehrfach von Pfeilen getroffen werden.

61) Welche Farbe hat dein Hut?

Die Farbe des eigenen Hutes zu kennen, ohne ihn zu sehen – das ist ein Rätselklassiker. Es gibt diese Knobelei in verschiedenen Varianten, die folgende Variante finde ich besonders raffiniert.

Zehn Häftlinge bekommen die Chance, aus dem Gefängnis entlassen zu werden. Darunter sind fünf schwere Jungs und fünf schwere Mädels aus dem benachbarten Frauenknast. »Ihr müsst mir bloß die Farbe eures Hutes nennen«, sagt der Direktor der Anstalt.
»Welcher Hut?«, fragen die Männer und Frauen.

»Den bekommt jeder von euch gleich von mir aufgesetzt«, antwortet der Direktor. »Vorher stellt euch nebeneinander auf, immer Mann und Frau abwechselnd.«

Zwei Farben seien bei den Hüten möglich: Rot oder Blau, erklärt der Direktor. »Jeder kann die Farbe der Hüte der anderen Häftlinge sehen, nicht aber die des eigenen. Ihr dürft euch auch nicht umstellen oder miteinander kommunizieren – auch nicht über geheime Handzeichen. Wenn jeder seinen Hut aufhat, habt ihr noch eine Minute, um euch umzuschauen. Danach bitte ich jeden von euch einzeln zu mir ins Büro, damit er mir die Farbe des eigenen Huts nennen kann.«
»Ach komm, das ist doch leicht«, sagt ein Häftling.
»Glaubst du das wirklich?«, entgegnet der Direktor. »Nur ich höre, welche Farbe mir jeder von euch angibt. Wenn ihr gehofft hattet, dass jeder über seine Antwort Informationen über die Hutfarben der anderen transportieren kann, habt ihr euch geschnitten.«
»Wie soll das gehen?«, fragt eine Frau.
»Nun gut«, antwortet der Direktor, »ich will euch fünf Minuten Bedenkzeit geben, bevor ich die Hüte verteile. Ihr dürft währenddessen auch miteinander reden. Aber sobald die Hüte aufgesetzt sind, ist damit Schluss.«

Wie viele Häftlinge kommen auf jeden Fall frei? Und wie müssen sie vorgehen, damit das gelingt?

62) Welcher Wein steckt in welcher Kiste?

Rot oder Weiß? Die Frage nach dem passenden Wein hängt nicht nur vom Essen ab, sondern auch von den persönlichen Vorlieben.

Ein Weingut bietet deshalb gleich vier verschiedene Geschenkboxen an. In jeder befinden sich drei Weinflaschen, doch die Farbe des Weins darin variiert – je nach Geschmack der Kunden.
In einer Box ist nur Rotwein, in der anderen nur Weißwein. In einer dritten Kiste findet man zweimal Rot- und einmal Weißwein. In einer vierten Box hingegen sind eine Rot- und zwei Weißweinflaschen.

Im Laden des Weinguts ist jede der vier möglichen Kombinationen aus Weiß- und Rotwein einmal vertreten. Allerdings ist beim Bekleben der Kisten etwas schiefgegangen. Bei keiner der vier Boxen stimmt der Inhalt mit der Beschriftung überein.

Ihre Aufgabe ist nun herauszufinden, in welcher Kiste sich welche Flaschenkombination befindet. Sie dürfen dazu aus den Kisten einzelne Flaschen herausziehen, ohne allerdings in die Kisten zu schauen. Die Farbe des Weins verrät Ihnen ausschließlich das Etikett der Flasche, das Sie erst betrachten, wenn die Flasche herausgezogen ist.

Was ist die kleinstmögliche Anzahl von zu ziehenden Flaschen, die ausreicht, um den Inhalt aller vier Kisten zu kennen?

Hinweis: Wir suchen einen Minimalwert. Es kann auch Konstellationen geben, bei denen Sie eine größere Anzahl von Flaschen aus den Kisten holen müssen, um Bescheid zu wissen.

63) 15 Minuten messen – mit zwei Zündschnüren

Sie haben zwei Zündschnüre, die beide genau eine Stunde abbrennen. Ihre Aufgabe ist, mit beiden Schnüren den Zeitraum von 15 Minuten zu bestimmen. Wie müssen Sie dafür vorgehen?

Sie dürfen die Schnüre dabei weder zerschneiden noch zusammenlegen, um die Mitte zu bestimmen. Das würde sich auch kaum lohnen, denn die Zündschnüre brennen nicht gleichmäßig ab. Die Abbrenngeschwindigkeit schwankt vielmehr – gewiss ist nur, dass es insgesamt je Schnur genau 60 Minuten dauert.

Und es gibt noch eine Zusatzaufgabe: Können Sie die 15 Minuten auch mit nur einer Zündschnur messen statt mit zweien?

64) Alle Quadrate müssen weg

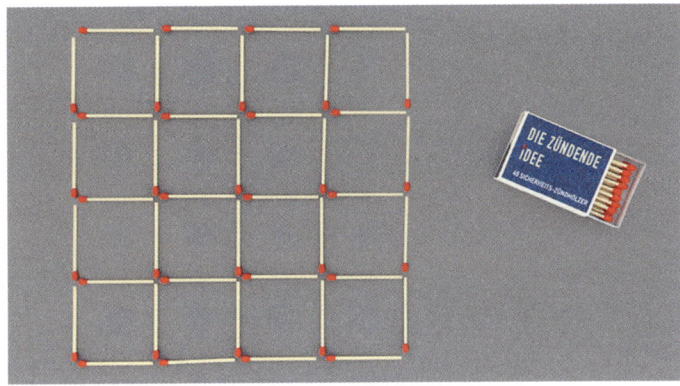

Der Amerikaner Sam Loyd (1841–1911) war ein hervorragender Schachspieler – und er hat eine Vielzahl von Rätseln und Spielen erfunden. Sie wurden in Zeitungen und Zeitschriften abgedruckt und erreichten ein Millionenpublikum. Loyd verdanken wir auch das folgende Streichholzproblem:

40 Hölzchen sind zu einem Netz aus 16 Quadraten gelegt – siehe Abbildung. Die Streichhölzer bilden jedoch mehr Quadrate als die 16 der Größe 1 × 1. Es gibt auch ein Quadrat der Größe 4 × 4, vier mit der Größe 3 × 3 und neun Quadrate, die aus 2 × 2 Kästchen bestehen. Insgesamt sind es 30 Quadrate.

Sie sollen nun Streichhölzer wegnehmen, sodass es gar kein Quadrat mehr gibt. Wie viele Hölzchen müssen Sie mindestens entfernen?

65) Die Lieblingsknobelei des Mathegenies

Der Bonner Mathematiker Peter Scholze gilt als das größte Mathegenie Deutschlands. 2018 bekam er in Rio de Janeiro die höchste Auszeichnung seines Fachgebiet: eine Fields-Medaille.

Schon als Schüler hat Scholze mit Begeisterung Matherätsel gelöst. Eines, das ihm besonders gut gefallen hat, möchte ich hier vorstellen. Es stammt aus dem Buch »Fregattenkapitän Eins« des russischen Autors Wladimir Ljuschin und ist 1989 in deutscher Übersetzung beim Raduga-Verlag Moskau erschienen.

Ein Löwe lebt in einem quadratisch eingezäunten Stück Wüste. Das Quadrat hat eine Kantenlänge von zehn Kilometern. Ihre Aufgabe ist, den Löwen einzufangen. Er soll sich dann in einem eingezäunten Quadrat mit einer maximalen Seitenlänge von zehn Metern befinden.

Sie dürfen in dem Wüstenstück neue Zäune setzen. Allerdings geht das nur nachts, weil der Löwe Sie tagsüber sofort entdecken und auffressen würde. Nachts hingegen können Sie das Wüstengelände gefahrlos betreten, denn der Löwe ist nachtblind und schläft zudem in der Regel. Wenn er Schritte hört, macht er sich vorsichtshalber aus dem Staub. Es besteht also kein Risiko, dass Sie im Dunkeln aus Versehen auf ihn treten.
Sie dürfen Zäune an beliebiger Stelle platzieren – allerdings muss der gesetzte Zaun eine gerade Linie bilden. Wichtig: Pro Nacht ist nur ein Zaun erlaubt. Verschieben dürfen Sie einen einmal aufgestellten Zaun nicht. Tagsüber können Sie den Löwen gut sehen, nachts jedoch nicht.

Wie viele Nächte brauchen Sie, bis Sie das Raubtier in einem maximal zehn Meter großen Käfig gefangen haben?

66) Parole!

Max würde so gern mal in den Klub der Superschlauen gehen – doch der Türsteher fragt alle Besucher nach einer Art Passwort – und nur wer die richtige Antwort gibt, darf hinein.

Eines Tages parkt ein großer Lieferwagen neben dem Klubeingang. Max kann sich dahinter verstecken und so die Gespräche belauschen. Folgende Gespräche hört er:

Türsteher: »Sechzehn.«
Gast: »Acht.«
Türsteher: »Herzlich willkommen, bitte hier entlang.«

Türsteher: »Acht.«
Gast: »Vier.«
Türsteher: »Herzlich willkommen, bitte hier entlang.«

Türsteher: »Achtundzwanzig.«
Gast: »Vierzehn.«
Türsteher: »Herzlich willkommen, bitte hier entlang.«

Max glaubt nun Bescheid zu wissen und geht selbst zum Türsteher. Der sagt zu ihm: »Achtzehn.«
Max antwortet: »Neun.«
Darauf zischt ihn der Türsteher an: »Verschwinde, du hast hier nichts verloren.«

Was hätte Max antworten müssen?

67) Fünf Damen auf einem Schachbrett

Sie müssen nicht gut Schach spielen können, um das folgende Problem zu lösen. Wissen sollten Sie allerdings, wie sich eine

Dame auf dem Brett bewegt: Sie kann über beliebig viele Felder ziehen – aber nur diagonal, waagerecht oder senkrecht. Die Richtung eines Zuges ist dabei egal.

Vor Ihnen liegt ein leeres Schachbrett. Sie haben fünf Damen, die Sie so auf dem Brett positionieren sollen, dass jedes freie Feld von mindestens einer der Damen bedroht wird. Anders formuliert: Jedes freie Feld wird von mindestens einer Dame in nur einem Zug erreicht.

Raffiniert aufgeteilt: Möglichkeiten und Wahrscheinlichkeiten

Wem ist das Würfelglück hold? Welche Farbe gewinnt bei der Sockenlotterie? Dieses Kapitel dreht sich um Wahrscheinlichkeitsrechnung und Kombinatorik. Wie stehen Ihre Chancen dabei?

68) Kuddelmuddel in der Poststelle

Die Poststelle kümmert sich nicht nur um die Eingangspost und verteilt diese im Haus. Das Team übernimmt auch den Versand von Briefen und Paketen. Manchmal geht natürlich auch etwas schief, so wie beim Verschicken von Rechnungen an Geschäftspartner in Brasilien, Schweden und Singapur.

Jede Rechnung enthielt eine persönliche Anrede und sollte in einen großen Briefumschlag gesteckt werden, auf dem sich bereits ein Aufkleber mit der Adresse des jeweiligen Empfängers befand.
Immerhin: Alle Rechnungen nach Brasilien gelangten in einen nach Brasilien adressierten Brief. Gleiches galt auch für

die Rechnungen nach Schweden und nach Singapur. Doch alle Briefe bis auf eine Ausnahme kamen zurück, weil Adressaufkleber und Rechnungsempfänger nicht übereinstimmten. Die eine Ausnahme ist eine Rechnung nach Singapur – diese war an den richtigen Empfänger adressiert.
»Das ist wirklich komisch«, sagt die Leiterin der Poststelle, als sie vom Kuddelmuddel bei den Rechnungen hört. »Es gab so viele verschiedene Möglichkeiten, die Rechnungen falsch einzutüten. Aber es gibt nur sechs verschiedene Kombinationen, bei denen so etwas passiert wie hier.«

Wie viele Rechnungen wurden insgesamt verschickt?

Hinweis: Die Leiterin der Poststelle weiß, wie viele Rechnungen in welches Land verschickt wurden. Es war pro Land mindestens eine.

69) Die Sockenlotterie

Der Held dieses Rätsels heißt Harald und trägt von Montag bis Freitag an jedem Tag ein andersfarbiges Paar Socken. Jeden Samstag kommen diese fünf Sockenpaare dann gemeinsam in die Waschmaschine.
Nach dem Schleudern greift Harald zehnmal blind in die Trommel, um jeweils eine Socke einzeln herauszuholen. Die Socken hängt er auf der Leine auf – und zwar in der Reihenfolge, in der er sie zufällig aus der Trommel geholt hat.

Nach Farben sortiert sind die Socken eigentlich nie, wie Harald in den vergangenen Jahren beobachtet hat. Das ärgert ihn ein bisschen, er mag Dinge lieber gut geordnet. Klar, er könnte die Socken vor dem Aufhängen nach Farben sortieren. Oder einfach genau hinschauen, welche Socke er gerade ergreift.
Aber könnte es nicht passieren, dass er zufällig die zehn Socken in einer Reihenfolge aus der Maschine holt, als hätte er sie nach Farben sortiert? Ausgeschlossen ist das zumindest nicht.
Harald fragt sich: Wenn er jeden Samstag seine fünf Sockenpaare wäscht, wie viele Jahre müsste er im Durchschnitt wohl warten, damit die Paare auf der Leine der Farbe nach sortiert sind?

Hinweis: Jedes der fünf Sockenpaare hat eine andere Farbe. Wir gehen davon aus, dass ein Jahr 52 Wochen hat.

70) Im Würfelglück

Sabine spielt mit einem Würfel. Immer wieder lässt sie ihn über den Tisch rollen. Welche Augenzahl dabei herauskommt, ist Zufall – das weiß Sabine natürlich. Andererseits unterliegt auch der Zufall gewissen Gesetzmäßigkeiten. Wenn man den Würfel oft genug wirft, treten die sechs verschiedenen Augenzahlen etwa gleich häufig auf.

»Weil die Werte gleich wahrscheinlich sind«, meint Sabine, »müsste ich nach einer gewissen Anzahl von Würfen doch eigentlich jede Augenzahl von 1 bis 6 mindestens einmal gewürfelt haben, oder?«
So ganz kann das nicht stimmen, stellt sie nach kurzem Nachdenken fest. »Ich kann ja auch immer wieder eine 1 würfeln.« Die Wahrscheinlichkeit für eine solche lange Serie aus Einsen ist zwar sehr, sehr klein – aber eben nicht null.
Sabine stellt die Frage daher etwas anders: »Wie oft muss ich einen Würfel im Durchschnitt werfen, bis jede der Augenzahlen von 1 bis 6 mindestens einmal aufgetreten ist?«

Wissen Sie die Antwort?

71) Trenchcoat-Roulette in Pullach

Vier Männer vom BND gehen abends in eine Kneipe. Sie tragen die übliche Dienstkleidung – einen hellen Trenchcoat der Hausmarke »Victor Secret«. Weil die Männer auch etwa die gleiche Statur haben, sind ihre Mäntel gleich groß und praktisch nicht zu unterscheiden.

Sie geben ihre Mäntel an der Garderobe ab. Nach zwei Runden Bier gehen sie zurück zur Garderobe und bekommen die Mäntel in zufälliger Reihenfolge ausgehändigt.

Wie groß ist die Wahrscheinlichkeit, dass mindestens ein Mann seinen eigenen Mantel bekommen hat?

72) Würfelduell

Nicola und Florian haben sich ein Spiel mit zwei Würfeln ausgedacht. Immer wieder werden die beiden Würfel zugleich geworfen. Ist die Summe der Augen dabei gerade, bekommt Nicola einen Punkt. Ist sie ungerade, geht der Punkt an Florian.

Ist dies ein faires Spiel? Oder hat einer der beiden dabei bessere Gewinnchancen?

73) Wie viele neue Bahnhöfe gibt es?

Der folgenden Knobelei merkt man an, dass sie aus einer anderen Zeit stammt. Haben Sie noch vorgedruckte Bahnfahrkarten erlebt, die einst an den Ticketschaltern verkauft wurden? Es gab sie fast für jede denkbare Strecke: Berlin–Hamburg zum Beispiel und natürlich auch ein zweites Ticket für die Gegenrichtung Hamburg–Berlin.

Wir sind in einem kleinen Land mit einem Eisenbahnnetz, das aus mehreren Bahnhöfen besteht. An jedem Bahnhof gibt es vorgedruckte Tickets zu kaufen für eine Fahrt zu jedem anderen Bahnhof des Netzes. Hin- und Rückfahrt gelten als ver-

schiedene Tickets, weil Start- und Zielbahnhof ja auf beiden Tickets verschieden sind.
Nun wird das Netz erweitert, es kommen neue Bahnhöfe hinzu. Diese bilden dann zusätzliche Ziele für Reisende von den bisherigen Bahnhöfen – und von den neu hinzugekommenen Bahnhöfen kann man natürlich auch zu jedem anderen Bahnhof reisen, egal, ob dieser neu ist oder schon existierte.

Die Druckerei muss infolge der Netzerweiterung 34 neue Fahrkarten in das Sortiment aufnehmen, in ausreichender Menge drucken und an die Bahnhöfe verteilen.
Wie viele Bahnhöfe sind neu hinzugekommen?

74) Sieben Zwerge, sieben Betten

Wenn jeder jeden Tag immer genau das Gleiche tut, kann nicht allzu viel schiefgehen. Aber es wird dann schnell auch ein bisschen langweilig. So wie bei den sieben Zwergen, die immer nach demselben Ritual schlafen gehen.
Jeder Zwerg hat sein eigenes Bett. Zuerst steigt der kleinste Zwerg in sein Bett, dann der zweitkleinste, dann der drittkleinste und so weiter – bis sich schließlich der größte in sein Bett legt.

Eines Abends beschließt der kleinste Zwerg, den Ablauf etwas durcheinanderzubringen. Er legt sich nicht in sein eigenes Bett, sondern in das eines anderen, zufällig ausgewählten Zwergs.
Der zweitkleinste Zwerg, der als Nächster schlafen geht, geht in sein Bett – sofern dies frei ist. Ist dieses jedoch belegt, wählt er zufällig ein anderes Bett. Die folgenden Zwerge gehen genauso vor.

Wie groß ist dann die Wahrscheinlichkeit, dass der größte Zwerg an diesem Abend in seinem eigenen Bett schläft?

75) Die verbogene Münze

Das ist wirklich ärgerlich! Der Schiedsrichter bemüht sich stets um größtmögliche Fairness – und dann verhindert eine verbogene Münze eine faire Zufallsentscheidung bei der Auswahl der Seiten.

Beim Fußball funktioniert die Seitenwahl in der Regel so: Der Kapitän der Gastmannschaft entscheidet sich für eine Münzseite, der Kapitän der Heimmannschaft wählt die andere. Der Schiedsrichter wirft dann die Münze und der Gewinner darf sich die Richtung aussuchen, in die seine Mannschaft in der ersten Halbzeit spielt.
Die verbogene Münze hat die Kapitäne jedoch skeptisch gemacht. Sie fragen sich: Ist das fair? Natürlich nicht!

Doch der Schiedsrichter hat eine Idee. Wie muss er vorgehen, damit allein mit der verbogenen Münze eine 50 zu 50 Zufallsentscheidung gelingt?

76) Fotofinish

Ludwig, Marie und Ophelia laufen jeden Tag um die Wette. Der Zieleinlauf ist meist sehr knapp, aber ein Freund macht immer ein Foto davon, sodass sie nach jedem Lauf feststellen können, wer Erster, Zweiter und Dritter geworden ist.

Nach 30 Wettläufen an 30 Tagen schauen sich die drei die Ergebnisse genauer an:

- Ludwig war öfter vor Marie im Ziel als Marie vor Ludwig.
- Marie war öfter vor Ophelia im Ziel als Ophelia vor Marie.

Ist es dann möglich, dass Ophelia öfter vor Ludwig im Ziel war als umgekehrt?

77) Wie wählen Kombinatoriker ihre neue Spitze?

Der Vorstand des Bundesverbands für Kombinatorik sucht gerade eine neue Spitze – bestehend aus nur einer Person. 20 Personen haben sich beworben. Beim Jahrestreffen des Verbands sollen sich die Kandidatinnen und Kandidaten vorstellen und miteinander diskutieren – danach wird gewählt.

Damit das Ganze nicht zu unübersichtlich wird, sollen immer nur zehn der 20 Personen für eine halbe Stunde gemeinsam auf die Bühne.
Um einen fairen Wahlkampf zu sichern, dürfen Kandidierende andere nur dann verbal attackieren, wenn sich beide zugleich auf der Bühne befinden. Dies soll sicherstellen, dass sich der oder die Angegriffene auch zur Wehr setzen kann.

Wie viele Runden bestehend aus zehn Personen sind nötig, damit alle 20 Kandidierenden mindestens einmal mit jeder anderen Person gemeinsam auf der Bühne gestanden haben?

78) Alters-Check im Tanzverein

Der Tanzverein »Wedding« trifft sich einmal pro Woche in einem Lokal zum Tango. Als Mitglieder werden nur frisch verheiratete Paare aufgenommen – daher auch der Vereinsname.

Um stets einen genauen Überblick über das Alter der Mitglieder zu haben, führt die Vorsitzende des Vereins drei Listen:

- In der ersten Liste sind die Ehepaare aufsteigend nach dem Alter des Mannes sortiert.
- In Liste zwei entscheidet das Alter der Frau über die Platzierung eines Ehepaares, wobei auch hier die jüngsten ganz oben stehen.
- In Liste drei sind die Paare aufsteigend nach dem Gesamtalter der Ehepaare sortiert (Alter des Mannes + Alter der Frau).

In der ersten Liste steht das Ehepaar Meier auf Platz sieben und das Ehepaar Kaiser auf Platz acht. In der Liste zwei ist es genau umgedreht: Die Kaisers liegen auf Rang sieben und die Meiers auf Rang acht.

In Tabelle drei, wo nach dem Gesamtalter sortiert wird, stehen die Meiers ganz oben. Sie sind also am jüngsten. Die Kaisers hingegen finden sich auf dem letzten Platz wieder.

Wie viele Ehepaare sind Mitglied des Tanzvereins?

Gewichte, Schiffe, Hunde:
Kopfnüsse aus der Physik

Physik ist undenkbar ohne Mathematik. Deshalb gibt es auch so viele hübsche Knobeleien, in denen es um rennende Hunde, Wasser oder Flugzeuge geht. Wecken Sie den Einstein in sich!

79) Wann war die Schule zu Ende?

Jules und Merle leben in einem kleinen, abgelegenen Dorf. Jeden Morgen fahren die beiden Erstklässler mit dem Bus in die Schule. Nachmittags werden sie von Merles Vater mit dem Auto abgeholt. Er kommt immer exakt zur gleichen Zeit – und zwar genau zum Ende der letzten Stunde.

Eines Tages endet der Unterricht früher als normal – und die beiden Schüler beschließen, Merles Vater schon mal ein Stück entgegenzulaufen. Jules und Merle sind exakt 30 Minuten unterwegs, als sie das Auto erblicken und winken. Merles Vater hält an, lässt die Kinder einsteigen und fährt zurück Richtung Dorf. Dort kommen die drei 20 Minuten früher an als sonst.

Nun die Frage: Wie viele Minuten früher war die Schule aus?

Hinweis: Auch wenn Sie es vielleicht zunächst kaum glauben, das lässt sich tatsächlich berechnen. Wir gehen davon aus, dass das Auto immer mit derselben Geschwindigkeit fährt. Die Zeit zum Anhalten und Einsteigen soll vernachlässigt werden.

80) Spieglein, Spieglein an der Wand

Im Märchen Schneewittchen spielt ein Spiegel eine zentrale Rolle. Die eitle, missgünstige Königin stellt ihm immer wieder dieselbe bekannte Frage: »Spieglein, Spieglein an der Wand, wer ist die Schönste im ganzen Land?«
Immer wieder bestätigt der Spiegel, dass die Königin die Schönste sei. Doch eines Tages bekommt sie eine andere Antwort: »Frau Königin, Ihr seid die Schönste hier, aber Schneewittchen ist tausendmal schöner als Ihr.«

Mit der Frage, wie man die Schönheit eines Menschen berechnet, wollen wir uns hier lieber nicht beschäftigen. Die Frage ist vielmehr, wie groß ein Spiegel sein muss, damit sich die Königin darin vollständig sehen kann – also vom Kopf inklusive Krone bis zu den Füßen. Sie stellt sich immer aufrecht vor den Spiegel, der wiederum senkrecht an der Wand hängt und nicht gewölbt ist. Welche Höhe muss der Spiegel mindestens haben?

Zwei Zusatzfragen: In welchem Abstand zum Fußboden muss er hängen? Und in welcher Entfernung zum Spiegel sollte die Königin stehen, damit dieser möglichst klein sein kann?

81) Inselhopping

Ein Flugzeug fliegt jeden Tag auf direktem Weg zur Nachbarinsel und wieder zurück. Das Wetter ist in der Region sehr stabil. Bläst der Wind, dann gleich den ganzen Tag mit konstanter Stärke und aus unveränderter Richtung. Herrscht Windstille, dann ebenfalls am ganzen Tag.
Die Turbinen liefern immer denselben Schub – die Piloten ändern zwischen Hin- und Rückflug nichts daran. Start und Landung sollen jeweils immer gleich lang dauern – ganz unabhängig von den Windverhältnissen.

Am ersten Flugtag dieses Jahres herrschte bei Hin- und Rückflug Windstille. Wie ändert sich die addierte Flugzeit aus Hin- und Rückflug, wenn stattdessen beim Hinflug zur Nachbarinsel ein kräftiger Gegenwind bläst – und auf dem Rückweg ein gleich starker Rückenwind?

Bleibt die Flugzeit gleich, wird sie länger oder kürzer?

82) Die Tageswanderung

Es gibt Aufgaben, die unlösbar erscheinen, weil offenbar wichtige Informationen fehlen. Die folgende Aufgabe fällt definitiv in diese Kategorie.

Eine Frau bricht um neun Uhr zu einer Tageswanderung auf. Sie ist sehr sportlich und macht beim Wandern keine Pausen. Die Wanderung führte über ebene Abschnitte, Passagen, die bergauf gehen, und solche, die bergab verlaufen, auf einen Gipfel. Dort angekommen, macht die Frau sofort kehrt und geht auf demselben Weg wieder zum Startpunkt der Wanderung zurück, wo sie Punkt 18 Uhr ankommt.
Die Frau wandert mit drei verschiedenen Geschwindigkeiten: In der Ebene sind es 4 km/h, bergauf 3 km/h und bergab 6 km/h. Allerdings kennen wir das Profil ihrer Strecke nicht.

Welche Distanz hat die Frau bei ihrer Tageswanderung zurückgelegt?

83) Exaktes Timing

Eine Rennradfahrerin macht eine Tagestour von 120 Kilometern. Sie braucht dafür exakt vier Stunden, was einer Durchschnittsgeschwindigkeit von 30 km/h entspricht.

Natürlich schwankt ihre Geschwindigkeit während der Tour. Geht es bergauf oder bläst der Wind von vorn, fährt sie langsamer als bergab oder mit Rückenwind. Wir kennen das genaue Streckenprofil und die Windverhältnisse jedoch nicht.

Zeigen Sie, dass es mindestens ein 30 Kilometer langes Teilstück auf der 120 Kilometer langen Strecke gibt, für das die Radsportlerin exakt eine Stunde benötigt.

84) Harmonie auf dem Navi

Harmonie ist etwas Schönes. Man kann sie nicht nur beim Musikhören oder beim Zusammensein mit Freunden empfinden, sondern auch beim Wandern oder in der Mathematik. Und, wenn man will, sogar im Auto beim Blick auf das Navigationsgerät.

Der Held unseres Rätsels rollt in seinem Pkw durch eine menschenverlassene Gegend und ist – zugegeben – ein ziemlicher Zahlenfetischist. Als er auf das Display seines Navis schaut, spürt er so etwas wie Harmonie. Denn auf der Anzeige steht die Zahl 100 gleich zweimal: Einmal als 100 Kilometer Entfernung bis zum Ziel – und dann als aktuelle Geschwindigkeit von 100 Kilometern pro Stunde.

Der Fahrer überlegt: Er könnte seine Geschwindigkeit ja an die immer kürzer werdende Entfernung anpassen, sodass beide stets denselben Zahlenwert haben. Beim Abstand von 99 Kilometern würde er auf 99 km/h runterbremsen, bei 98 Kilometern auf 98 km/h und so weiter und so fort. Das würde seine Fahrt durch die öde Gegend zwar verlängern, aber immerhin für eine Art Dauerharmonie sorgen.

Jetzt die Frage: Wie lange dauert die Fahrt zum Ziel, wenn der Mann seine Geschwindigkeit immer wieder an die Entfernung anpasst?

Noch ein Hinweis: Geschwindigkeit und Entfernung werden als ganze Zahlen angezeigt, also ohne Nachkommastellen.

85) Wettlauf der Tiere

Tiere können erstaunlich schnell laufen – 50 oder 60 Kilometer pro Stunde sind in der Savanne nicht ungewöhnlich. Nun haben sich ein Pferd, eine Giraffe und ein Elefant zu einem Wettrennen verabredet. Es geht über 1000 Meter, wobei immer nur zwei Tiere gegeneinander antreten.

Im ersten Rennen besiegt das Pferd die Giraffe. Im Moment des Zieleinlaufs hat das Pferd 100 Meter Vorsprung.
Rennen Nummer zwei gewinnt die Giraffe – mit 200 Metern Vorsprung vor dem Elefanten.

Schließlich treten das Pferd und der Elefant gegeneinander an. Mit welchem Vorsprung wird das Pferd die Ziellinie überqueren?

Hinweis: Wir gehen davon aus, dass jedes der Tiere in jedem Rennen gleich schnell läuft.

86) Kupfer oder Aluminium?

Vor Ihnen liegen zwei identisch aussehende, weiß lackierte Kugeln. Beide sind aus Metall gefertigt, innen hohl und gleich schwer. Die Wand der einen Kugel besteht aus Aluminium, die der anderen aus Kupfer.

Wie können Sie mit einem möglichst einfachen Experiment herausfinden, welche Kugel aus welchem Material besteht?

Hinweis: Sie dürfen dabei weder die Farbe abkratzen noch Laborgeräte benutzen – auch keine Magneten.

87) Der eifrige Schäferhund

Sie wissen sicher noch aus dem Physikunterricht, was eine gleichförmige Bewegung ist: Ein Objekt bewegt sich dabei geradlinig und mit konstanter Geschwindigkeit. Das ist nicht sonderlich kompliziert.
Doch die folgende Aufgabe zeigt, dass solche Bewegungen schnell unübersichtlich werden können, sobald unterschiedliche Geschwindigkeiten und plötzliche Richtungswechsel zusammenkommen.

Schäferhund Alexo ist besonders eifrig und will seine Schäfchen immer im Blick haben. Als die Tiere auf eine neue Weide wechseln wollen, bilden sie eine 100 Meter lange Herde, die sich mit konstanter Geschwindigkeit und geradlinig bewegt.

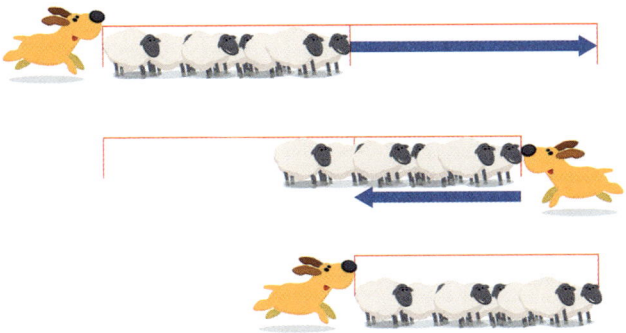

Alexo befindet sich am Ende der Herde, als er Richtung Spitze der Herde losrennt. Dort angekommen, macht er sofort kehrt und flitzt wieder zurück zum Ende der Herde – siehe Zeichnung oben. Als er hinten ankommt, hat die Herde genau 100 Meter zurückgelegt.
Wir gehen davon aus, dass Schafe und Hund sich mit konstanter Geschwindigkeit und geradlinig bewegen und dass bei der Wende des Hundes keine Zeit verloren geht.

Welchen Weg hat der Hund zurückgelegt, als er vom Schluss der Herde zur Spitze der Herde und wieder zurück gerannt ist?

88) Wo die Sonne im Osten untergeht

In Gedichten und Liedern sind Sonnenuntergänge ein sehr beliebtes Motiv. Und ja, sie gehören zu den romantischsten Momenten, welche die Natur zu bieten hat.

In seinem Ablauf ist das Himmelsspektakel allerdings ziemlich festgelegt. Der Sonnenuntergang findet im Westen statt. Denn die Erde dreht sich Richtung Osten, wo folgerichtig Sonnenaufgänge zu beobachten sind.

Die Frage ist, ob wir Sonnenuntergänge nicht auch im Osten bestaunen können. Was denken Sie?

Zwei Hinweise: Die beiden Beobachtungspunkte direkt an Nord- und Südpol sollen nicht als Lösung gelten, weil sich dort Ost und West nicht bestimmen lassen.

89) Das perfekt ausbalancierte Karussell

Wenn sich ein Rad schnell dreht, sollte es besser keine Unwucht haben. Denn sonst könnte es unrund laufen. Bei Autoreifen sorgen daher kleine am Rand der Felge befestigte Metallstücke dafür, dass das Rad nicht schlägt.

Das Problem kennt auch der Betreiber eines für 24 Personen konzipierten Karussells. Solange alle 24 gleichmäßig im Kreis angeordneten Plätze mit gleich schweren Personen besetzt sind, läuft alles gut. Doch häufig sind es weniger Fahrgäste – und dann stellt sich die Frage, ob das Karussell trotzdem austariert werden kann.

Sind es sechs Personen, ist die Antwort einfach. Sie lassen von Fahrgast zu Fahrgast immer drei Plätze frei – ihre Positionen bilden also ein regelmäßiges Sechseck. So läuft das Karussell rund.
Doch wie sieht es mit anderen Anzahlen aus? Mit welchen Personenzahlen ist ein Betrieb problemlos möglich?

Hinweis: Wir gehen davon aus, dass alle Fahrgäste gleich schwer sind. Das Karussell gilt als austariert, wenn der gemeinsame Schwerpunkt aller Personen identisch ist mit dem Mittelpunkt des Karussells.

Schwere Rätsel:
Elf echte Herausforderungen

Zum Schluss kommen die ganz dicken Bretter: Zehn Probleme, die den Kopf zum Rauchen bringen. Mein Tipp: Denken Sie auch über mehrere Tage immer wieder über die Aufgabe nach. Manchmal dauert es einfach länger, bis die entscheidende Idee kommt.

90) Eine Münze – drei Treffer

Max fordert Maja zu einem Spiel mit einer Münze heraus: »Wir werfen sie immer wieder aufs Neue. Sobald dreimal hintereinander die Zahlseite oben liegt, habe ich gewonnen.«
»Und wann gewinne ich?«, fragt Maja.
»Such dir auch eine Sequenz aus drei aufeinanderfolgenden Ergebnissen«, sagt Max. »Du kannst dabei frei aus Kopf und Zahl wählen. Wenn deine Sequenz vor meiner auftaucht, hast du gewonnen.«

Welche Sequenz sollte Maja wählen? Wie hoch sind dann ihre Siegchancen?

91) Verflixte Stifte

Wenn Architekten ein Gebäude planen, müssen sie auch an möglichst kurze Wege denken. Wie platziert man Fahrstühle, Treppenhäuser und Türen am besten? Wo führen welche Leitungen entlang, damit alle Räume erschlossen sind und Verbindungen nicht zu lang werden?

Im folgenden Rätsel geht es um eine abstrahierte Version dieses Problems. Sie kennen es womöglich als Aufgabe für vier Kugeln. Wie müssen diese arrangiert werden, sodass jede Kugel die drei anderen berührt?

Die Lösung ist bekannt: Sie bauen aus den vier Kugeln eine dreieckige Pyramide – siehe folgende Abbildung:

Ihre Aufgabe ist etwas anspruchsvoller: Ordnen Sie sechs Bleistifte so im Raum an, dass jeder der Stifte die fünf anderen berührt.

Hinweis: Wir gehen davon aus, dass die Stifte rund und nur auf einer Seite angespitzt sind.

Zusatzaufgabe: Lösen Sie das Problem für sieben Bleistifte!

92) Wo ist die Prinzessin?

Die Planungen für die Hochzeit laufen auf Hochtouren, als der Prinz eine Nachricht bekommt, die ihm große Sorgen bereitet: Die Prinzessin ist verschwunden.

Gerüchten zufolge wurde sie entführt. Und zwar auf die Logik-Insel. Dort geht alles streng logisch zu. Auf der Insel leben zwei Stämme. Die einen sagen stets die Wahrheit, die anderen lügen immer.
Der König der Logik-Insel wird abwechselnd von den beiden Stämmen gestellt. Doch nur wenige Eingeweihte wissen, welchem Stamm der derzeitige König angehört.

Nur eines ist von ihm bekannt: Er weiß alles, was auf der Insel geschieht und in der Vergangenheit geschehen ist.

Der Prinz macht den König ausfindig und stellt ihm die folgenden zwei Fragen:

1) Ist die Prinzessin auf der Logik-Insel? Die Antwort lautet Ja oder Nein.
2) Hast du die Prinzessin gesehen? Die Antwort lautet wieder Ja oder Nein.

Wir kennen die Antworten des Königs auf die zwei Fragen nicht, wir wissen jedoch, dass der Prinz diese kennt und nun weiß, ob die Prinzessin auf der Logik-Insel ist oder nicht.

Wissen Sie es auch?

93) Ohne Bordkarte ins Flugzeug

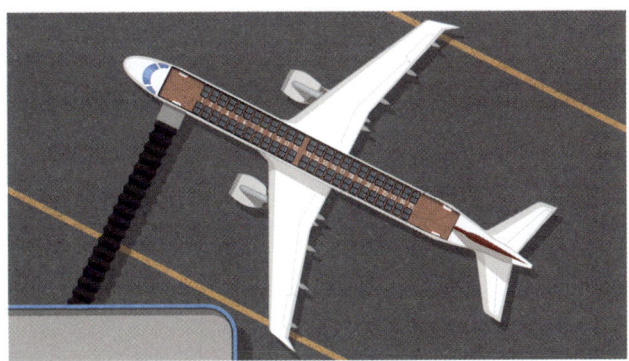

Die folgende Aufgabe hat mich eine ganze Weile beschäftigt. Vergeblich hatte ich versucht, das Ganze mit immer komplizierteren Formeln zu lösen. Bis mir dann ein paar Tage später die zündende Idee kam. Schaffen Sie das auch?

Auf einem Flughafen warten 100 Passagiere darauf, dass sie endlich ins Flugzeug einsteigen können. In die Maschine passen exakt 100 Leute – der Flug ist also ausgebucht.

Endlich geht es los. Die 100 Reisenden bilden eine Schlange. Der Mann, der ganz vorn steht und als Erster ins Flugzeug darf, hat jedoch dummerweise seine Bordkarte verloren. Weil das Computersystem gerade ausgefallen ist, lassen ihn die Stewards trotzdem einsteigen. »Setzen Sie sich einfach auf einen zufällig ausgewählten Platz«, erklärt ihm eine Angestellte.
Und das macht der Mann dann auch. Alle folgenden Passagiere setzen sich auf den Platz, der auf ihrer Bordkarte steht. Sollte dieser Platz allerdings schon belegt sein, dürfen sie sich wie der Mann ganz vorn in der Schlange einfach einen freien Platz aussuchen.

Frage: Wie groß ist die Wahrscheinlichkeit, dass die Person an letzter Stelle in der Schlange, also Fluggast Nummer 100, auf dem Sitz Platz nehmen kann, der auf seiner Bordkarte steht?

Hinweis: Dieses Problem ähnelt dem Zwergen-Betten-Rätsel Nr. 74 auf Seite 88, ist jedoch etwas anders gelagert.

94) Wo steckt der verschollene Abenteurer?

Sie kennen wahrscheinlich das Rätsel von dem Wanderer, der nach Süden läuft, dann Richtung Westen und dann wieder nach Norden, um an derselben Stelle anzukommen, an der er gestartet ist. Die Frage lautet, welche Farben die Bären haben, denen er unterwegs begegnet ist.
Weiß, werden die meisten antworten. Und dass der Wanderer genau am Nordpol gestartet ist. Erst nach Süden, dann nach Westen und dann wieder nach Norden.

Das folgende Rätsel scheint sich auf den ersten Blick kaum davon zu unterscheiden: Ein Abenteurer ist verschollen irgendwo auf der Erde. Wir haben immerhin Informationen über eine kleine Wanderung, die er unternommen hat.
Demnach ist er erst fünf Kilometer nach Süden gelaufen, dann fünf Kilometer nach Westen und zum Schluss fünf Kilometer nach Norden, um wieder genau am Ausgangspunkt anzukommen.

Die Frage lautet: Wo auf der Erde ist das möglich? Und wo muss man den Verschollenen suchen?

Hinweis: Falls Sie glauben, dass er direkt am Nordpol ist: Diese Antwort stimmt definitiv nicht. Am Nordpol befinden sich nämlich gerade Forscher in einer Station – sie hätten den Abenteurer auf jeden Fall bemerkt. Aber er ist ja verschollen.

95) Die fantastischen Vieren

Quadratzahlen haben Menschen seit jeher fasziniert. Schon die alten Babylonier notierten sogenannte pythagoreische Zahlentripel auf Tontafeln. Diese natürlichen Zahlen a, b, c erfüllen die Gleichung $a^2 + b^2 = c^2$. Sie sind zugleich Seitenlängen eines rechtwinkligen Dreiecks. Beispiele sind $3^2 + 4^2 = 5^2$ und $20^2 + 21^2 = 29^2$. Auch mit mehr als drei Quadratzahlen sind verblüffende Kombinationen möglich – etwa $10^2 + 11^2 + 12^2 = 13^2 + 14^2$.

In dieser Aufgabe geht es jedoch nicht um Summen aus Quadratzahlen, sondern um ihre Ziffern:
Gegeben ist eine beliebige natürliche Zahl. Nun bilden Sie das Quadrat dieser Zahl. Können die letzten Ziffern dieser Zahl gleich 4 sein?
Offensichtlich gibt es Lösungen, wenn nur die letzte Ziffer eine 4 sein soll: Eine lautet 2, denn $2 \times 2 = 4$. Und auch zwei Vieren am Ende sind möglich – zum Beispiel $12 \times 12 = 144$.

Nun zur eigentlichen Frage: Wie oft kann die Ziffer 4 am Ende einer Quadratzahl auftauchen? Sind beliebig viele Vieren möglich? Oder gibt es eine Obergrenze bei der Anzahl? Wenn das zutrifft: Wo liegt diese Grenze?

96) Die dreieckige Zielscheibe

Der Schützenverein hat einen neuen Vorstand und der möchte einiges anders machen. Der erste Beschluss sorgt schon mal für einiges Kopfschütteln: Künftig wird mit Luftgewehren nicht mehr auf runde, sondern auf dreieckige Scheiben geschossen.
Bei den Scheiben handelt es sich um gleichseitige Dreiecke, die Seitenlänge beträgt zehn Zentimeter.

Ein Schütze schießt fünf Mal auf die neuen Scheiben und landet fünf Treffer auf der Dreiecksfläche. Wie diese verteilt sind, wissen wir nicht.

Zeigen Sie, dass man stets zwei Treffer auf der Scheibe findet, deren Abstand höchstens fünf Zentimeter beträgt.

97) Kinder vergleichen ihre Namen

33 Schülerinnen und Schüler hat die neu zusammengestellte Klasse. Und das bedeutet: Jeder muss sich 32 Vor- und Nachnamen merken, denn die Kinder kennen einander bislang nicht.

Als die Kinder sich einander vorstellen, bemerken sie, dass der eine oder andere Vor- oder Nachname doppelt, dreifach und sogar noch häufiger vorkommt. Sie beschließen, der Sache auf den Grund zu gehen.
Jedes Kind schreibt an die Tafel, wie viele andere Kinder in der Klasse den gleichen Vornamen tragen wie es selbst. Danach schreibt jedes der 33 Kinder an die Tafel, wie viele Mitschüler den gleichen Nachnamen haben wie es selbst. In beiden Fällen zählt der Anschreibende sich selbst nicht mit.
66 Zahlen landen so an der Tafel. Und unter diesen 66 Zahlen kommt jede der Zahlen 0, 1, 2, 3, … 9, 10 mindestens einmal vor.

Beweisen Sie, dass es in dieser Klasse mindestens zwei Kinder gibt, die den gleichen Vor- und Nachnamen haben.

Hinweis: Jedes Kind hat genau einen Vornamen und genau einen Nachnamen.

98) Das Geschwister-Problem

Wird es ein Junge oder ein Mädchen? Über das Geschlecht eines Kindes entscheidet natürlich nicht der erste Ultraschall, sondern ein Wettrennen der Spermien. Unter den Milliarden Samenfäden des Mannes besitzt die eine Hälfte ein X-Chromosom und die andere Hälfte ein Y-Chromosom. Je nachdem, welche Variante schließlich die weibliche Eizelle befruchtet, wird das Kind ein Junge (Y-Chromosom) oder ein Mädchen (X-Chromosom).

Die Geschlechtswahl ist zufällig – und deshalb eignet sie sich wunderbar für das folgende mathematische Rätsel. Darin geht es um Mütter, die alle genau zwei Kinder haben. Ein paar Hundert dieser Mütter sind in einer großen Halle versammelt.
Eine Frau geht durch die Reihen und befragt Anwesende: »Hast du mindestens einen Sohn?« Eine Befragte antwortet mit »Ja« und verrät anschließend ihren Namen. Sie heißt Martina.
Dazu gleich die erste Frage: Wie groß ist die Wahrscheinlichkeit, dass Martina zwei Söhne hat?

Einer anderen anwesenden Mutter wird folgende Frage gestellt: »Hast du mindestens einen Sohn, der an einem Dienstag geboren wurde?« Die Frau antwortet »Ja« und nennt ebenfalls ihren Namen: Stefanie.
Wie groß ist die Wahrscheinlichkeit, dass Stefanie zwei Söhne hat? Genauso groß wie bei Martina?

Hinweis: Wir gehen davon aus, dass beide Geschlechter gleich häufig sind. Die Wahrscheinlichkeit, eine Tochter zu bekommen, soll also genauso groß sein wie die, einen Sohn zu kriegen. Zudem nehmen wir an, dass die Geburtstage von Kindern gleichmäßig über die sieben Wochentage verteilt sind.

99) Teile und herrsche

Viele Jahre herrschte der König – und es waren gute Jahre für ihn. Seine Untergebenen mussten hart arbeiten, der größte Teil des Gewinns ging an ihn. Doch die Zeiten änderten sich. Das frustrierte Volk blies zur Revolution.

Nun hat sich das einstige Königreich in eine Demokratie gewandelt. Und weil der König seine Untergebenen so ausgebeutet hat, darf er selbst nicht einmal mit abstimmen.

Doch der einstige Alleinherrscher gibt nicht auf: Er will sich zurückholen, was ihm seiner Meinung nach zusteht. Wenn es nicht anders geht, dann eben auf demokratischem Wege.

Nach der Revolution wurde die Verteilung der Reichtümer des Landes neu organisiert. Das Volk besteht aus neun ehemaligen Untergebenen und dem einstigen König – also aus insgesamt zehn Personen. Jeden Monat stehen genau zehn Goldtaler für Lohnzahlungen zur Verfügung. Jede Person bekommt deshalb jeden Monat einen Goldtaler ausgezahlt – auch der ehemalige König.
Der Verteilungsschlüssel darf verändert werden, sofern es eine Mehrheit dafür gibt. Ein ehemaliger Untergebener stimmt für eine Veränderung, sofern dadurch sein eigener Monatslohn steigt. Er stimmt dagegen, wenn sein Lohn sinkt. Wenn sich sein monatlicher Lohn nicht verändert, enthält er sich. Der Ex-König darf nicht mit abstimmen, er darf aber als Einziger Vorschläge machen, wie man die Verteilung des Geldes verändern könnte.

Welche maximale monatliche Lohnsumme kann sich der Ex-König sichern?

Zusatzfrage: Das Volk besteht aus insgesamt 1000 Personen inklusive König. Monatlich werden 1000 Taler ausgezahlt, zu Beginn an jede Person genau einer. Welche Höchstsumme ist für den König erreichbar?

100) Zwölf Kugeln und eine Waage

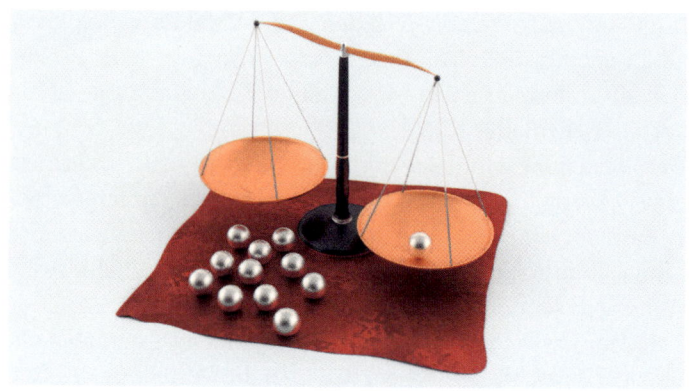

Leichter oder schwerer? Bei einer klassischen Balkenwaage vergleichen wir Massen miteinander, indem wir sie in die beiden Waagschalen legen. Mit genau solch einer Waage sollen Sie die folgende Aufgabe lösen:

Auf dem Tisch liegen zwölf Kugeln, die optisch voneinander nicht zu unterscheiden sind. Elf der zwölf Kugeln sind auch exakt gleich schwer. Das Gewicht einer Kugel weicht jedoch von dem der elf anderen ab.
Wir wissen weder, welche der zwölf Kugeln die Abweichlerin ist, noch, ob diese leichter oder schwerer ist als die übrigen Kugeln.

Sie sollen die Kugel mit abweichender Masse finden und auch ermitteln, ob diese leichter oder schwerer ist. Dabei dürfen Sie eine Balkenwaage benutzen – aber nur für drei Wägungen. Wie müssen Sie vorgehen?

Hinweis: Geben Sie nicht zu schnell auf! Das hier beschriebene Problem ist deutlich schwieriger als die gängigen Waagen-Rätsel, aber tatsächlich lösbar!

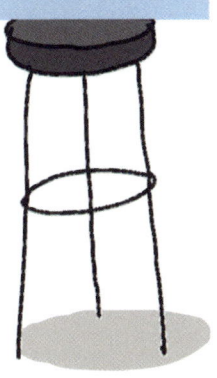

Lösungen

1) Wie messen Sie sechs Liter ab?

Es gibt verschiedene Wege – ein aus sieben Schritten bestehender wird in der folgenden Tabelle beschrieben.

Letztlich müssen Sie es irgendwie hinbekommen, dass sich im Vier-Liter-Eimer nach dem vorletzten Schritt nur ein Liter befindet. Denn dann können Sie Wasser aus dem vollen Neun-Liter-Eimer hineinkippen. Weil nur noch drei Liter in den kleinen Eimer hineinpassen, bleiben im großen genau sechs Liter übrig.

Die Zahlen in der Tabelle zeigen für jeden Schritt die Füllmenge der beiden Eimer in Litern an:

	9-Liter-Eimer	4-Liter-Eimer
Ausgangssituation	9	0
Schritt 1	5	4
Schritt 2	5	0
Schritt 3	1	4
Schritt 4	1	0
Schritt 5	0	1
Schritt 6	9	1
Schritt 7	6	4

2) Das Gold muss mit – nur wie?

Es genügen vier Lieferwagen.

Mit drei Wagen klappt es nicht. Beispielsweise könnte die Gesamtladung aus zehn Plastiken bestehen, die jeweils 900 kg schwer sind. Gäbe es nur drei Autos, müsste einer der drei Lieferwagen vier Plastiken laden. Diese vier hätten aber eine Gesamtmasse von 3600 kg und wären damit zu schwer. Denn ein Lieferwagen kann nur drei Tonnen laden.

Warum klappt es mit vier Autos?
Wir füllen den ersten Lieferwagen, bis er mindestens zwei Tonnen, höchstens jedoch drei Tonnen geladen hat. Das gelingt auf jeden Fall, weil kein Geschenk schwerer als eine Tonne ist.
Wir beladen danach den zweiten und den dritten Lieferwagen, bis sie beide ebenfalls mindestens zwei Tonnen, höchstens jedoch drei Tonnen geladen haben. Das gelingt ebenfalls, weil kein Geschenk schwerer als eine Tonne ist.
Nun sind mindestens sechs Tonnen verladen und damit höchstens noch drei Tonnen übrig, die Wagen Nummer vier transportieren kann.

3) Prozente, Prozente, Prozente

Man mag es zunächst kaum glauben, aber es sind nur noch 50 Kilogramm Früchte. Von den anfangs 100 Kilogramm sind 99 Prozent Wasser und ein Prozent Trockenmasse. Dieses eine Prozent wiegt daher ein Kilogramm.
Infolge der Sonneneinstrahlung sinkt die Wassermenge, die Trockenmasse ändert sich hingegen nicht.

Liegt der Wasseranteil bei nur noch 98 Prozent, muss das eine Kilogramm Trockenmasse daher zwei Prozent der Gesamtmasse entsprechen. Und wenn ein Kilogramm zwei Prozent sind, dann entsprechen 50 Kilogramm exakt 100 Prozent. Das ist dann auch die richtige Lösung.

4) Acht Hasen rennen um die Wette

Auf den ersten Blick kann die Aufgabe einschüchternd wirken. Immerhin sind $8 \times 7 \times 6 \times 5 \times 4 \times 3 \times 2 \times 1 = 40.320$ verschiedene Zieleinläufe möglich.
Aber nach einer genaueren Analyse wird schnell klar: Es reichen zwei Wettläufe, wobei die Hasen beim zweiten Rennen in genau der umgekehrten Reihenfolge ins Ziel kommen müssen wie beim ersten.

5) Wo ist der fehlende Euro?

Es fehlt kein Euro. Vielmehr ist die beschriebene Rechnung falsch. Man darf die zwei Euro Trinkgeld nicht zu den 27 Euro addieren. Man muss sie stattdessen davon abziehen. Dann ergibt sich die Summe, die in der Restaurantkasse verblieben ist: 27−2 = 25 Euro. Zu den 27 Euro hinzurechnen darf man nur die drei Euro, die der Kellner den drei Gästen zurückgegeben hat. Dann kommt man exakt auf 30 Euro.

6) Blaue und rote Steine als Kleingeld

Man könnte meinen, es seien 70 Cent. Aber das stimmt nicht. Denn an der Kasse bezahlen heißt ja auch, dass man Steine als Wechselgeld zurückbekommen kann. Und dann sind auch geringere Beträge als 70 Cent möglich.
Der kleinstmögliche Betrag dabei ist 10 Cent.
Um auf 10 Cent zu kommen, gibt man drei rote Steine ($3 \times 70 = 210$ Cent) und bekommt zwei blaue zurück ($2 \times 100 = 200$ Cent).

7) Die abgestumpfte Pyramide

Der Volumenanteil liegt bei 1/2!

Von dem Ausgangs-Tetraeder wurden vier kleine Tetraeder abgeschnitten. Wenn wir wissen, wie sich das Volumen eines kleinen Tetraeders im Vergleich zum Volumen des Ausgangs-Tetraeders mit doppelter Kantenlänge verhält, haben wir die Aufgabe so gut wie gelöst. Wie groß aber ist dieses Verhältnis?
Das große Tetraeder ist ähnlich zu den vier kleinen. Denn seine Kanten sind genau doppelt so lang – und alle Winkel stimmen überein. Das Volumen eines dreidimensionalen Objekts verachtfacht sich, wenn man seine Kanten verdoppelt und alle Winkelgrößen beibehält. Der Faktor 8 ergibt sich, wenn man den Faktor 2 in die dritte Potenz nimmt ($2 \times 2 \times 2 = 2^3 = 8$), denn wir berechnen ja das Volumen im dreidimensionalen Raum.

Eine plausible Erklärung für den Faktor 8 liefert folgende Überlegung: Das Volumen eines Körpers können wir mit der Formel

V = c × Höhe × Breite × Tiefe berechnen, wobei c eine Konstante ist und von der genauen Form des Körpers abhängt.

Wenn wir die Ausmaße des Körpers in allen drei Dimensionen verdoppeln, ergibt sich ein Volumen von c × 2 × Höhe × 2 × Breite × 2 × Tiefe = 8 × c × Höhe × Breite × Tiefe = 8 × V.

Die vier kleinen Tetraeder haben daher zusammen ein Volumen, das halb so groß ist wie das des ursprünglichen Tetraeders. Deshalb ist auch das Volumen des durch das Abschneiden der Ecken entstehenden Körpers halb so groß.

8) Der pedantische Tom

Es sind 18 Seiten.

Wenn Tom an t Tagen s Seiten liest, dann muss gelten t × s = 342. Die natürlichen Zahlen t und s müssen also Teiler von 342 sein.
Wir wissen zudem, dass t mindestens 8 ist (Tom liest das Buch ja schon am achten Tag) und s wiederum mindestens 20 (Tom hat am zweiten Sonntag bereits 20 Seiten gelesen).

Wie findet man nun t und s? Indem man sich alle Teiler von 342 anschaut. Das sind:

1, 2, 3, 6, 9, 18, 19, 38, 57, 114, 171, 342

Wir sehen sofort, dass für die Seitenzahl s (mindestens 20!) nur 38, 57, 114 oder 171 infrage kommen. Doch 57, 114 und 171 können es nicht sein, weil Tom sein Buch dann in 6, 3 oder sogar nur 2 Tagen durchgelesen hätte. Laut Aufgabe braucht er dafür aber mindestens 8 Tage.

Bleibt als einzige mögliche Seitenzahl nur 38 – und als Anzahl der Tage entsprechend 9, denn es gilt: $38 \times 9 = 342$. Und das ist auch die richtige Lösung für s und t! Wenn Tom also am Sonntag schon 20 Seiten gelesen hat, hat er noch $38 - 20 = 18$ weitere vor sich.

9) Welche Lose stehen kopf?

Es sind 240 Lose.

Sobald auch nur eine der Ziffern 1, 2, 3, 4, 5, 7 in der Zahlenkombination enthalten ist, tritt kein Problem beim Ablesen auf.

Das heißt im Umkehrschluss: Die Losnummern, die wir aussortieren müssen, dürfen nur die Ziffern 0, 6, 8, 9 enthalten. Davon gibt es insgesamt $4 \times 4 \times 4 \times 4 = 4^4 = 256$ Stück.

Wir müssen jedoch nicht alle 256 Kombinationen aussortieren. 8008 und 6009 beispielsweise können in der Lostrommel bleiben, weil beide Lose auf dem Kopf stehend ihre Kombination nicht ändern. Das Los 6006 hingegen darf nicht in die Lostrommel, weil es auch als Kombination 9009 gelesen werden kann.

Wir suchen alle die Kombinationen, die sich nicht ändern, wenn man sie auf den Kopf stellt. Sie müssen rotationssymmetrisch sein – wie 8008 und 6009.

Schauen wir uns zunächst nur die zweite und die dritte Ziffer an. Ziffer zwei muss der auf den Kopf gestellten dritten Ziffer entsprechen. Also sind folgende vier Kombinationen möglich:

00
69
88
96

Für die erste und vierte Ziffer gilt das Gleiche: Ziffer eins entspricht der auf den Kopf gestellten Ziffer vier. Hier gibt es ebenfalls vier Varianten:

0 0
6 9
8 8
9 6

Daraus ergeben sich $4 \times 4 = 16$ Kombinationen, die hier aufgelistet sind:

0000 0690 0880 0960
6009 6699 6889 6969
8008 8698 8888 8968
9006 9696 9886 9966

Von den insgesamt 256 Zahlenkombinationen, die auch auf dem Kopf stehend eine lesbare Zahlenkombination ergeben, können diese 16 also im Lostopf bleiben. Denn bei diesen Kombinationen verändert sich durch das Drehen um 180 Grad die Ziffernfolge nicht. Deshalb müssen $256 - 16 = 240$ Lose aussortiert werden.

10) Die verrückte Uhr

Elf Mal.

Der große Zeiger bewegt sich in der einen Stunde bis 13 Uhr nur minimal von der 12 bis zur 1 – das entspricht bei einer normalen Uhr fünf Minuten. Der kleine Zeiger macht hingegen eine vollständige Runde. Immer kurz nach dem Moment, in dem der kleine Zeiger an einer der Zahlen von 1 bis 11 vorbeikommt, wird die Uhr eine Zeit anzeigen, die tatsächlich existiert: Die angezeigten Uhrzeiten sind kurz nach 1, kurz nach 2, kurz nach 3 und so weiter bis kurz nach 11. Um 13.00 Uhr steht der kleine Zeiger auf der 12, der große aber auf der 1 – eine unmögliche Konstellation.

11) Ein Puzzleteil muss weg – nur welches?

Das Teil B brauchen Sie nicht. Mit A, C, D und E lässt sich leicht ein Quadrat legen. Das kann man durch geschicktes Probieren herausfinden.

Alle Teile haben Wölbungen, manche nach innen, manche nach außen. Es ist offensichtlich, dass bei einem fertig zusammengelegten Puzzle die Anzahl der Wölbungen nach innen exakt der Zahl der Wölbungen nach außen entsprechen muss. Denn Innen- und Außenwölbung passen genau aneinander.

Wir zählen nun bei jedem Puzzleteil die Anzahl der Wölbungen. Diese haben die Form eines Kreissegments. Ist es wie beim linken Puzzleteil (Zeichnung unten) nach außen gewölbt, notieren wir +1. Bei einer Wölbung nach innen wie beim Puzzlestück rechts schreiben wir -1 in das Stück.

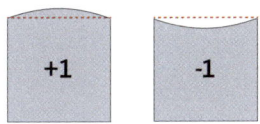

Das machen wir so bei allen fünf Puzzlestücken. A hat zwei Einwölbungen – wir notieren -2. Bei B gibt es ein Kreissegment zu viel und eins zu wenig – macht in der Summe 0 – und so weiter und so fort.

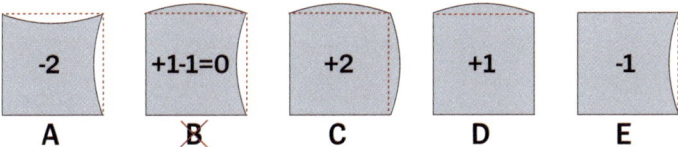

Wenn wir ein Quadrat legen wollen, muss die Summe der Wölbungen aller vier Puzzleteile zusammen null ergeben. Die Summe über alle fünf Segmente ergibt null (-2 + 0 + 2 + 1 – 1 = 0).

Damit ist klar, dass B das überflüssige Teil ist. Denn verzichtet man stattdessen auf ein anderes Puzzlestück, ist die Summe der Wölbungen nicht mehr null. Wie viele Lösungen sind möglich?

Weil D und E drei gerade Seiten haben, müssen beide Stücke aneinandergrenzen. Dafür gibt es zwei verschiedene Möglichkeiten (D links und E rechts oder D rechts und E links). A und C können in beiden Fällen nur auf eine Weise angelegt werden – also gibt es exakt zwei verschiedene Lösungen der Aufgabe!

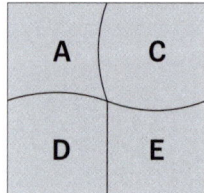 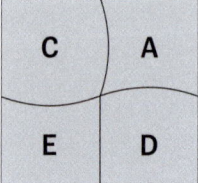

12) Neun Weinfässer fair aufteilen

Bei neun Fässern ist klar, dass jeder Bruder drei Fässer bekommen muss. Insgesamt befinden sich in den Fässern $1 + 2 + 3 + \ldots + 9 = 45$ Maß. Damit wissen wir, dass jedem Bruder 15 Maß (= ein Drittel von 45) zustehen.

Die Frage ist, ob man die neun Fässer so aufteilen kann, dass jeder auf genau 15 Maß kommt. Die drei vollsten Fässer enthalten sieben, acht und neun Maß. Jeder der drei Brüder muss eines dieser Fässer bekommen.

Erhielte einer zwei Fässer davon, hätte er auf jeden Fall mehr als 15 Maß, denn $7 + 8$ ist 15 und es kommt ja noch mindestens ein weiteres Maß aus einem dritten Fass hinzu, denn jeder Bruder bekommt drei Fässer. Wir nehmen Folgendes an:

Bruder 1 soll das Fass mit 9 Maß bekommen – ihm fehlen dann noch zwei Fässer mit zusammen 6 Maß ($9 + 6 = 15$).
Bruder 2 bekommt ein Fass mit 8 Maß und zwei weitere mit 7 Maß ($8 + 7 = 15$).
Bruder 3 bekommt das 7-Maß-Fass und zwei Fässer mit zusammen 8 Maß ($7 + 8 = 15$).

Zur Auswahl stehen sechs Fässer gefüllt mit 1, 2, 3, 4, 5 und 6 Maß. Für Bruder 3, der das 7-Maß-Fass hat und noch 8 Maß bekommt, gibt es zwei Möglichkeiten:

2 Maß + 6 Maß oder 3 Maß + 5 Maß.

Daraus ergeben sich die Fassverteilungen für die Brüder 2 und 1, die in der folgenden Tabelle zusammengefasst sind:

	Bruder 1	Bruder 2	Bruder 3
Verteilung 1	9 + 1 + 5	8 + 3 + 4	7 + 2 + 6
Verteilung 2	9 + 2 + 4	8 + 1 + 6	7 + 3 + 5

Es gibt also auf jeden Fall Verteilungen, mit der alle drei Brüder zufrieden sein können!

13) Welche Zahl fehlt?

Der Trick besteht darin, alle vom Lehrer genannten Zahlen zu addieren. Weil er die Zahlen im Abstand von zehn Sekunden nennt, müsste man das auch problemlos im Kopf hinbekommen.
Würde der Lehrer alle Zahlen von 1 bis 100 nennen, wäre die Summe $50 \times 101 = 5050$. Da er nur 99 Zahlen angibt, muss die Summe kleiner sein. Die fehlende Zahl lässt sich leicht ausrechnen: Es ist die Differenz aus 5050 und der im Kopf berechneten Summe der 99 genannten Zahlen.
Die Formel $50 \times 101 = 5050$ stammt übrigens von dem berühmten Mathematiker Carl Friedrich Gauß, der damit als neunjähriger Schüler seinen Lehrer beeindruckte. Er sollte die Zahlen von 1 bis 100 addieren und nutzte dabei einen Trick. Gauß ordnete die hundert Zahlen

einfach paarweise an. Er schrieb: 1 + 100, 2 + 99, 3 + 98, 4 + 97 ... 50 + 51. Und kam so auf die Formel 101 × 50.

14) Das Kaninchen am falschen Fleck

Es reichen zwei Stücke. Eine mögliche Lösung zeigt die folgende Skizze. Es sind noch mehr Varianten möglich, aber das Prinzip ist dabei stets dasselbe. Man schneidet ein punktsymmetrisches Stück heraus und fügt es anschließend um 180 Grad gedreht wieder ein:

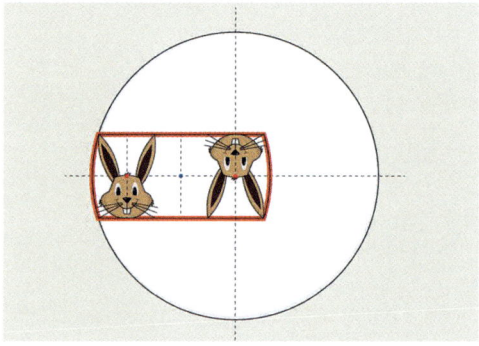

Dieses Rätsel ist eine Variante einer Aufgabe von Sam Loyd, dem berühmten US-amerikanischen Schach- und Rätselspezialisten. Bei ihm soll eine Flagge zerschnitten und neu zusammengefügt werden, sodass sich der ursprünglich in einer Ecke befindliche Elefant danach genau in der Mitte der Flagge befindet. Bei Loyd heißt das Rätsel »The King of Siam's Tricks«.

15) Der Zaubertrick

Ja, der Trick funktioniert tatsächlich für beliebige Ziffern A, B, beide ungleich null.

ABABAB kann man auch schreiben als $10101 \times 10 \times A + 10101 \times B = 10101 \times (10A + B)$. Weil 10101 durch 7 teilbar ist ($7 \times 1443 = 10101$), gilt dies auch für ABABAB.

16) Wie teilt man das Quadrat?

Die Zerlegung klappt für alle geraden natürlichen Zahlen ab n = 4.

Für n = 4 ist die Lösung einfach – wir vierteln das Quadrat einfach. Wie aber gehen wir für größere n vor?
Folgende Grafik zeigt eine Lösung für n = 12.

Wir teilen die Seitenlänge des Quadrats durch die Hälfte von n, also durch 6. Dies ist die Seitenlänge der elf kleinen Quadrate, die wir am linken und oberen Rand in das große Quadrat einzeichnen. Zusammen mit dem großen Quadrat rechts unterhalb der elf Quadrate ergibt sich die gesuchte Anzahl von zwölf Quadraten.

Die allgemeine Lösung geht folgendermaßen: Wenn n = 2k ist, dividieren wir die Seitenlänge l des Quadrats durch k. Damit haben wir die Seitenlänge der 2k–1 kleinen Quadrate, die gemeinsam zwei Streifen der Breite l/k am Rand des großen Quadrats bilden. Dann bleibt noch ein großes Quadrat übrig – macht zusammen 2k = n Quadrate.

17) Ein guter Schnitt

Es gibt tatsächlich eine Lösung. Sie funktioniert aber nicht mit einem klassischen DIN-A4-Bogen. Das Viereck muss vielmehr konkav sein, damit es klappt. Konkav bedeutet, dass ein Innenwinkel größer als 180 Grad ist. Das Viereck hat dann eine Einbuchtung nach innen.

Die folgende Skizze zeigt zwei Schnittlinien, die dazu führen, dass aus dem Viereck sechs einzelne Papierstücke werden:

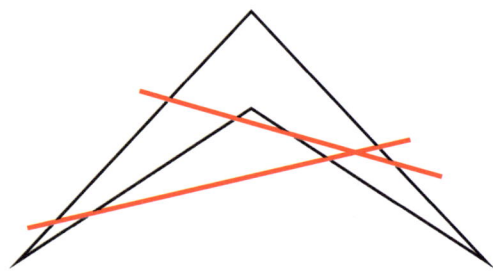

18) Der Münztrick

Es gibt sogar mehrere Lösungen, hinter denen dieselbe Idee steckt. Dafür muss man jedoch kreativ werden.

Wenn man die zehn Münzen über die drei nebeneinanderstehenden Becher verteilt, kann es keine Lösung geben. Denn die Summe aus drei ungeraden Zahlen ist eine ungerade Zahl. Die Summe der Münzen muss jedoch zehn sein – das ist eine gerade Zahl.
Der Trick besteht darin, in einen Becher eine gerade Anzahl von Münzen zu legen und in die anderen beiden eine ungerade Anzahl. Zum Beispiel zwei, drei und fünf Münzen. Dann stellt man in den Becher mit den zwei Münzen den einen der beiden anderen Becher – zum Beispiel den mit den drei Münzen. Der untere Becher enthält dann 2 + 3 = 5 Münzen. Also ebenfalls eine ungerade Zahl.
(Der Trick setzt natürlich voraus, dass die Becher sich ineinanderstapeln lassen.)

19) Grasen im Quadrat

Die Lösung ist nicht ganz so einfach. Das eine Quadrat ist um 45 Grad gedreht und steht auf der Spitze. Das andere befindet sich im Innern dieses Quadrats – siehe folgende Zeichnung:

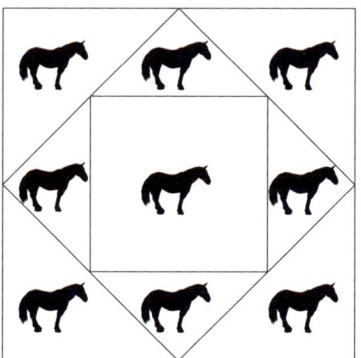

20) Hausputz für Profis

Nina und Matthias brauchen 45 Minuten.

Beide beginnen zugleich die Arbeit, egal wie. Zum Beispiel: Nina mäht den Rasen, Matthias saugt. Der Trick besteht darin, dass einer der beiden, beispielsweise Nina, nach 15 Minuten die Arbeit unterbricht und dann sofort mit dem Hochdruckreiniger auf der Terrasse loslegt. 30 Minuten nach Beginn des Hausputzes ist Matthias fertig mit Saugen und übernimmt das Rasenmähen, mit dem Nina ja noch nicht fertig war. 15 Minuten später sind alle Arbeiten erledigt – also in insgesamt 45 Minuten.

21) Ordnung auf dem Kuchenblech

Ja, tatsächlich kann man das große Kuchenstück so zerschneiden, dass sich die beiden Stücke hinterher zu einem Quadrat zusammenfügen lassen.
Der Schnitt entlang der dunklen Linie teilt den Kuchen in zwei Stücke.

Wenn man das rechte Stück anschließend um 90 Grad im Uhrzeigersinn dreht, erhält man zwei Stücke, die sich lückenlos zu einem Quadrat zusammenfügen lassen.

22) Ganz von der Kette

Der Trick besteht darin, Teile der Kette als Wechselgeld zu nutzen.

Der Wanderer öffnet das dritte Kettenglied. Dadurch zerfällt die Kette in drei Teile:

- Das geöffnete Glied mit der Länge 1.
- Eine Kette mit der Länge 2.
- Eine Kette mit der Länge 4.

Die erste Nacht bezahlt der Wanderer mit dem einzelnen geöffneten Glied. Die zweite Nacht bezahlt er mit dem zweiten Kettenstück der Länge zwei – als Wechselgeld bekommt er das einzelne Kettenglied zurück. Mit diesem Stück bezahlt er einen Tag später die dritte Nacht.
Vor der vierten Nacht gibt der Wanderer dem Wirt das Kettenstück mit der Länge vier – und erhält die anderen beiden Kettenstücke (es sind zusammen drei) als Wechselgeld zurück.
Tag fünf, sechs und sieben werden analog zu den Tagen eins bis drei dann wieder mit den beiden kurzen Kettenstücken bezahlt.

23) Das magische Quadrat

Die Summe beträgt immer 118. Das liegt an der speziellen Auswahl und Anordnung der Zahlen in dem Quadrat.

In jeder Zeile befindet sich die kleinste Zahl ganz rechts. Die um 1 größere Zahl steht an Position 3 (dritte von links). Dann folgt die um 3 größere Zahl ganz links, dann die um 5 größere (zweite von rechts) und so weiter.

4	7	2	13	6	1
18	21	16	(27)	20	15
15	18	13	24	17	12
21	24	19	30	23	18
24	27	22	33	26	21
27	30	25	36	29	24

Ganz allgemein gilt: Wenn ganz rechts die Zahl a steht, stehen folgende Zahlen in dieser Zeile (von links aus):

$(a + 3)\ (a + 6)\ (a + 1)\ (a + 12)\ (a + 5)\ a$

Dies gilt für alle sechs Zeilen, nur das dort für a jeweils eine andere Zahl steht.

Wenn ich mit dem oben beschriebenen Verfahren eine Zahl nach der anderen einkreise und die übrigen Zahlen streiche, ist in jeder Zeile und in jeder Spalte genau eine Zahl eingekreist – das sind insgesamt sechs Zahlen.
Die Summe dieser sechs Zahlen ist dann die Summe aus den sechs verschiedenen Werten für a und der Summe $3 + 6 + 1 + 12 + 5$.

Damit ist klar, dass die Summe stets gleich ist – und dass sie in unserem Beispiel

$(1 + 15 + 12 + 18 + 21 + 24) + (3 + 6 + 1 + 12 + 5)$

beträgt – also $91 + 27 = 118$.

24) Wie alt sind Cheryls Kinder?

Die Kinder sind 2 Jahre, 2 Jahre und 9 Jahre alt.

Die Aufgabe verwirrt. Wir kennen das Produkt der Jahre der drei Kinder – nämlich 36. Außerdem soll die Summe der Jahre dem aktuellen Datum entsprechen – allerdings kennen wir das Datum nicht. Und dann ist da noch die Information, dass das älteste der drei Kinder Erdbeermilch mag. Wie soll man da das Alter herausbekommen?

Beginnen wir erst einmal mit dem, was wir genau wissen: Es gibt drei Kinder, das Produkt der Jahre ist 36. Wie viele Varianten sind da überhaupt möglich?

Denkbar wäre zum Beispiel 1 Jahr, 6 Jahre, 6 Jahre – oder auch 1 Jahr, 2 Jahre, 18 Jahre. Am besten, wir schreiben alle möglichen Kombinationen in eine Tabelle – und fügen auch gleich die Summe der Jahre in eine Extraspalte ein. Denn die soll ja dem aktuellen Datum entsprechen.

Kind	Kind	Kind	Summe
1	1	36	38
1	2	18	21
1	3	12	16
1	4	9	14
1	6	6	13
2	2	9	13
2	3	6	11
3	3	4	10

Wir sehen: Es gibt insgesamt acht mögliche Altersvarianten. Weil die Summe einem Datum entsprechen soll (das wir bislang nicht kennen!), entfällt die Lösung 1, 1, 36 aus der obersten Zeile. Denn für ein Datum kommen nur Zahlen von 1 bis 31 infrage. 38 ist zu groß.

Jetzt ist logisches Denken gefragt: Die Summe soll dem aktuellen Datum entsprechen – und wir dürfen davon ausgehen, dass Tom und Cheryl dieses Datum kennen. Weil Tom aber sagt, dass ihm noch Informationen fehlen, kann es sich bei dem Datum nur um den 13. handeln. Denn bei allen anderen möglichen Daten 10., 11., 14., 16., 21. gibt es jeweils nur eine einzige mögliche Lösung. Bei dem 13. sind es aber zwei – und deshalb weiß Tom auch noch nicht Bescheid.

Cheryl hilft, indem sie erklärt, dass das älteste Kind Erdbeermilch mag. Welche der beiden verbliebenen Alterskonstellationen ist dann die richtige? Es kann nur 2, 2, 9 sein, denn bei 1, 6, 6 gibt es zwei älteste Kinder und nicht nur eins.

Also lautet die gesuchte Antwort 2 Jahre, 2 Jahre, 9 Jahre.

Man könnte diese Lösung anzweifeln: Schließlich ist ja auch bei zwei 6-Jährigen ein Kind das ältere – egal, ob es sich um Zwillinge handelt oder um Geschwister in einer Patchworkfamilie. Aber so spitzfindig wollen wir hier mal nicht sein.

25) Die drei mit dem Zahlen-Fetisch

Maria hat die längste Liste.

Fangen wir gleich mit ihr an. In ihren vierstelligen Zahlen kommt keine 4 vor. Ganz vorn an der Tausenderstelle können daher nur acht Ziffern auftauchen: 1, 2, 3, 5, 6, 7, 8, 9.

Bei den Hundertern, Zehnern und Einern, also den letzten drei Stellen, sind hingegen jeweils neun Ziffern möglich – nämlich 0, 1, 2, 3, 5, 6, 7, 8, 9.

Jetzt können wir die Gesamtzahl der von Maria notierten Zahlen leicht ausrechnen: $8 \times 9 \times 9 \times 9 = 5832$.

Das bringt uns sofort zu Achims Liste. Es gibt insgesamt 9000 vierstellige Zahlen (von 1000 bis 9999). Davon enthalten 5832 keine 4 – siehe Marias Zahlensammlung. Deshalb muss bei $9000 - 5832 = 3168$ Zahlen mindestens eine 4 vorkommen. Die Liste von Achim ist also auf jeden Fall kürzer als die von Maria.

Was aber ist mit Horst? Von den insgesamt 9000 vierstelligen Zahlen (von 1000 bis 9999) ist jede dritte durch 3 teilbar. Also umfasst Horsts Liste genau 3000 Zahlen – und deshalb hat Maria die meisten Zahlen aufgeschrieben.

26) Wie viel Geld bleibt für den Bruder?

Der kleine Bruder bekommt 6 Euro.

Die Aufgabe ist ein typisches Problem aus der Zahlentheorie. Wenn n der Stückpreis für eine Figur ist und zugleich der Anzahl der Figuren entspricht, ergibt sich ein Verkaufserlös von $n \times n = n^2$.

Beim Aufteilen des Geldes hat sich herausgestellt, dass n^2 beim Teilen durch 20 einen Rest zwischen 10 und 20 lässt. Denn nur dann bekommt die erste Schwester 10 Euro mehr als Schwester zwei und es bleibt ein Rest kleiner als 10 Euro für den kleinen Bruder übrig.

Wir können n schreiben als $n = 10a + b$, wobei a, b natürliche Zahlen sind und b einstellig ist. Die Einnahmen der Schwestern sind dann:

$n^2 = (10a + b)^2$
$n^2 = 100a^2 + 20ab + b^2$

Weil sowohl $100a^2$ als auch $20ab$ durch 20 teilbar sind, entscheidet allein b^2, wie groß der Rest von n^2 beim Teilen durch 20 ist.

Wir wissen außerdem, dass b einstellig ist, und müssen uns daher nur noch anschauen, für welche b von 1 bis 9 das Quadrat b^2 einen Rest größer als 10 und kleiner als 20 hat.

Dies trifft nur für $b = 4$ und $b = 6$ zu. Der Rest von b^2 bei der Division durch 20 ist in beiden Fällen 16 – daher bekommt der kleine Bruder 6 Euro.

Das Kuriose an dieser Lösung ist, dass wir zwar nicht wissen, wie groß der Verkaufserlös tatsächlich war. Er könnte zum Beispiel 14^2 oder 316^2 betragen. Entscheidend ist allein, dass die ursprüngliche Zahl auf 4 oder 6 endet. Dann wissen wir mit Sicherheit, die erzielte Verkaufssumme beim Teilen durch 20 den Rest 16 hat und der Bruder 6 Euro bekommt.

27) Ochsen, Pferde und 1770 Taler

Es sind drei verschiedene Lösungen möglich, weshalb man die Frage nach der Anzahl der Pferde und Ochsen nicht eindeutig beantworten kann. Die Lösungen sind:

9 Pferde und 71 Ochsen
30 Pferde und 40 Ochsen
51 Pferde und 9 Ochsen

Aber wie findet man diese drei Lösungen?

Man kann die Ausgangsgleichung

$31x + 21y = 1770,$

in der x für die Zahl der Pferde und y für die Zahl der Ochsen steht, in mehreren Schritten immer weiter umformen und dann systematisch probieren. Beispielsweise muss x durch 3 teilbar sein, weil sowohl 21 als auch 1770 durch 3 teilbar sind.

Die wohl eleganteste Lösung haben mir gleich mehrere Leser geschickt – vielen Dank! Sie benötigt nur wenige Zeilen.

Die Anzahl der Tiere $x + y$ muss durch 10 teilbar sein, weil ja $31x + 21y = 1770$ auch durch 10 teilbar ist (und $30x + 20y$ auf jeden Fall ein Vielfaches von 10 ist).

Kauft man nur eine Sorte Tiere, reichen die 1770 Taler höchstens für 57 Pferde oder für 84 Ochsen (wobei jeweils einige Taler übrig bleiben). Daraus folgt: Die Gesamtzahl der Tiere kann nur 60, 70 oder 80 sein. Also brauchen wir nur die folgenden drei Fälle einzeln zu untersuchen:

$x + y = 60$
$x + y = 70$
$x + y = 80$

Wir stellen jede dieser drei Gleichungen einfach nach x um und setzen sie dann in die Ausgangsgleichung 31x + 21y = 1770 ein.
So erhalten wir die drei oben genannten Lösungen 9 Pferde und 71 Ochsen, 30 Pferde und 40 Ochsen, 51 Pferde und 9 Ochsen.

28) Zimmerquiz in der Jugendherberge

Es sind acht Dreibettzimmer, drei Vierbettzimmer und ein Fünfbettzimmer.

Eine sehr elegante Lösung hat der Leser Manfred Puckhaber vorgeschlagen. In jedem der zwölf Zimmer stehen mindestens drei Betten, damit sind schon insgesamt 36 Betten untergebracht. Bleiben noch fünf Betten übrig, die verteilt werden müssen.
Es gibt mindestens zwei Vierbettzimmer und mindestens ein Fünfbettzimmer – damit sind schon vier der fünf Betten untergebracht. Das eine noch übrige Bett kann nur in ein Dreibettzimmer gestellt werden, das dann zu einem Vierbettzimmer wird. Macht drei Vierbettzimmer, ein Fünfbettzimmer und acht Dreibettzimmer.

29) Wir suchen die achtstellige Superzahl

Die gesuchte kleinstmögliche Zahl lautet 10.237.896!

Zuerst überlegen wir, aus welchen acht Ziffern die gesuchte Zahl sich zusammensetzt. Sie soll durch 36 teilbar sein – und damit durch 4 und 9. Eine Zahl ist durch 9 teilbar, wenn ihre Quersumme durch 9 teilbar ist.

Bestünde die Zahl aus den zehn Ziffern von 0 bis 9, wäre ihre Quersumme $0 + 1 + \ldots + 9 = 45$.

45 ist durch 9 teilbar. Die gesuchte Zahl soll jedoch achtstellig sein – also müssen wir zwei Ziffern streichen.

Damit die Quersumme der dann achtstelligen Zahl durch 9 teilbar ist, können wir folgende fünf Zahlenpaare streichen (deren Summe 9 ist!):

  0 und 9
  1 und 8
  2 und 7
  3 und 6
  4 und 5

Damit die gesuchte Zahl möglichst klein ist, sollte ihre erste Ziffer eine 1 sein und die zweite eine 0. Danach sollten dann 2 und 3 folgen. Wir streichen deshalb die Zahlen 4 und 5. Die Zahl beginnt also mit 1023… und danach folgen die vier Ziffern 6, 7, 8, 9. Aber in welcher Reihenfolge?

Die Zahl soll ja auch durch 4 teilbar sein – und das ist erfüllt, wenn die letzten beiden Ziffern eine durch 4 teilbare Zahl bilden. Wenn 6, 7, 8, 9 zur Auswahl stehen, dann kann man daraus nur drei zweistellige und durch 4 teilbare Zahlen bilden: 68, 76 und 96.

Am kleinsten wird die Zahl, wenn sie auf die vier Ziffern 7896 endet. Und damit haben wir die gesuchte Zahl 10.237.896 gefunden!

30) Verrückter Zahlendreher

Es gibt genau zwei Lösungen: 142.857 und 285.714. Beide Zahlen erfüllen die Bedingungen der Aufgabe, denn es gilt: 142.857 × 3 = 428.571 und 285.714 × 3 = 857.142.

Um die Lösung zu finden, zerlegen wir die sechsstellige Ausgangszahl in zwei Zahlen. a soll die erste Ziffer sein und b die fünfstellige Zahl, die hinter a steht. Dann gilt:

Ausgangszahl = 100.000a + b

Die zweite Zahl, die durch Verschieben der Ziffer a an die letzte Stelle entsteht, können wir ebenfalls durch a und b darstellen:

Zweite Zahl = 10b + a

Nun stellen wir die Gleichung auf: Ausgangszahl × 3 = zweite Zahl:

$$(100.000a + b) \times 3 = 10b + a$$
$$300.000a + 3b = 10b + a$$

Wir vereinfachen die Gleichung, indem wir a auf die eine und b auf die andere Seite bringen:

299.999a = 7b

299.999 ist durch 7 teilbar und wir erhalten:

42.857a = b

Weil b eine fünfstellige Zahl ist, kommen als Lösung nur a = 1 und a = 2 infrage. Für b ergibt sich damit 42.857 beziehungsweise 85.714.

31) Verflixte 81

Die vier Zahlen 9, 41, 59, 91 erfüllen die gesuchte Bedingung. Ihre Quadrate lauten 81, 1681, 3481 und 8281.

Bei der Lösung hilft ein alter Trick – die binomische Formel

$a^2 - b^2 = (a+b)(a-b)$

$n^2 - 81 = (n+9)(n-9)$

Die Zahl $n^2 - 81$ soll durch 100 teilbar sein. Sie muss also die Primfaktoren 2 und 5 beide jeweils zweimal enthalten, denn $2 \times 2 \times 5 \times 5 = 4 \times 25 = 100$. Also müssen diese Primfaktoren in $(n+9)$ und $(n-9)$ stecken.
Die beiden Faktoren $(n+9)$ und $(n-9)$ unterscheiden sich um 18, das ist eine gerade Zahl. Wenn einer der beiden Faktoren ungerade ist, muss es der andere auch sein.
Die Faktoren können jedoch nicht ungerade sein, weil ansonsten ihr Produkt auch ungerade wäre (es soll aber durch 100 teilbar sein). Also müssen $(n+9)$ und $(n-9)$ gerade Zahlen sein.

In welchem der beiden Faktoren $(n+9)$ und $(n-9)$ stecken die Primfaktoren 5? In beiden zugleich nicht, weil dann sowohl $(n+9)$ als auch $(n-9)$ durch 10 teilbar wären – ihre Differenz aber nur 18 beträgt.

Also muss einer der beiden Faktoren ein Vielfaches von $2 \times 25 = 50$ sein – und der andere eine gerade Zahl. Weil n kleiner als 100 sein soll, ergeben sich folgende Lösungen:

$n - 9 = 0$
$n - 9 = 50$
$n + 9 = 50$
$n + 9 = 100$

Damit erhalten wir für n 9, 41, 59 und 91.

32) Brüchige Angelegenheit

Abgesehen von den möglichen Vertauschungen bei x, y, z gibt es drei verschiedene Lösungen:

$$\frac{1}{3} + \frac{1}{3} + \frac{1}{3}$$

$$\frac{1}{2} + \frac{1}{3} + \frac{1}{6}$$

$$\frac{1}{2} + \frac{1}{4} + \frac{1}{4}$$

Warum existieren keine weiteren Lösungen? Wenn wir uns die Gleichung

$$\frac{1}{x} + \frac{1}{y} + \frac{1}{z} = 1$$

genauer anschauen, wird schnell klar, dass mindestens eine der gesuchten Zahlen kleiner als 4 sein muss. Sind nämlich alle drei

Zahlen x, y, z größer oder gleich 4, ist die Summe $1/x + 1/y + 1/z$ höchstens $3/4$ und damit zu klein.

Nehmen wir an, dass x die kleinste der drei gesuchten natürlichen Zahlen ist. Weil x kleiner als 4 ist, kommen als mögliche Lösungen nur 1, 2 oder 3 infrage. Wir schauen uns die drei Fälle einzeln an:

a) $x = 1$
In diesem Fall wäre die Summe $1/x + 1/y + 1/z$ auf jeden Fall größer als 1, denn $1/1$ ist ja schon 1. Es gibt deshalb hier keine Lösung!

b) $x = 2$
Die Zahlen y und z müssen dann beide größer sein als 2. Sonst wäre $1/x + 1/y + 1/z$ ja größer als 1 (denn $1/2 + 1/2 = 1$). Nehmen wir an, y ist die zweitkleinste Zahl, also größer oder gleich z. Für $y = 3$ gibt es eine Lösung: $z = 6$, denn $1/2 + 1/3 + 1/6 = 1$.
Für $y = 4$ existiert ebenfalls eine Lösung: $z = 4$, denn $1/2 + 1/4 + 1/4 = 1$.
Wenn y größer als 4 ist (und damit auch z größer als 4), kann es keine Lösung mehr geben, denn $1/y + 1/z$ ist dann kleiner oder gleich $2/5$. Die Summe $1/y + 1/z$ muss aber $1/2$ sein, damit die Gleichung $1/2 + 1/y + 1/z = 1$ stimmt.

c) $x = 3$
Weil y und z mindestens so groß sind wie x, gibt es nur eine Lösung – nämlich $y = 3$ und $z = 3$. Sobald eine der beiden Zahlen y, z oder beide größer als 3 sind, ist die Summe $1/x + 1/y + 1/z$ kleiner als 1 und es kann keine Lösung geben.

33) Blind Date mit zwei Unbekannten

Es gibt genau zwei Lösungen: (16, 15) und (9, 2).

Wenn Sie eine Gleichung mit zwei Unbekannten lösen wollen, brauchen Sie ein, zwei Tricks. Mit etwas Glück haben Sie dann statt zweier Unbekannter plötzlich nur noch eine. Und dann sieht das Problem schon viel freundlicher aus.

Zurück zur Aufgabe:

$x^3 - y^3 = 721$

Erinnern Sie sich noch an die Binomische Formel $x^2 - y^2 = (x-y) \times (x+y)$? Auch $x^3 - y^3$ lässt sich auf ähnliche Weise in zwei Faktoren zerlegen. Es gilt nämlich:

$x^3 - y^3 = (x-y) \times (x^2 + xy + y^2)$

Falls Sie Zweifel daran haben, können Sie das Ganze leicht überprüfen, indem Sie $x \times (x^2 + xy + y^2) - y \times (x^2 + xy + y^2)$ rechnen. Aber was ist mit dieser Umformung gewonnen? Die neue Gleichung

$(x-y) \times (x^2 + xy + y^2) = 721$

sieht ja eigentlich noch viel komplizierter aus als die ursprüngliche! Das stimmt, aber trotzdem hilft sie uns weiter. Weil x und y natürliche Zahlen sind, müssen auch die beiden Faktoren $(x-y)$ und $(x^2 + xy + y^2)$ ganze Zahlen sein. Lösungen kann es also nur dann geben, wenn man 721 als Produkt zweier Zahlen schreiben kann, wobei (x−y) zwingend der kleinere der beiden Faktoren sein muss.

Wie können wir 721 in Faktoren zerlegen? Mit Primzahlen. Man sieht auf einen Blick, dass 721 durch die Primzahl 7 teilbar ist. Das Ergebnis 103 ist ebenfalls eine Primzahl. Wenn wir noch beachten, dass wir 721 auch als Produkt 1×721 schreiben können, gibt es nur folgende zwei Zerlegungen:

$7 \times 103 = 721$
$1 \times 721 = 721$

(x−y) muss deshalb entweder 1 oder 7 sein. Und ($x^2 + xy + y^2$) entweder 721 oder 103. Wir müssen nun noch schauen, ob wir dafür passende natürliche Zahlen x, y finden.

Fall 1: (x−y) = 1

Wir setzen x = y + 1 in die Gleichung $x^2 + xy + y^2 = 721$ ein und erhalten:

$y^2 + 2y + 1 + y^2 + y + y^2 = 721$
$3(y^2 + y) = 720$
$y^2 + y − 240 = 0$

Die beiden Lösungen dieser Gleichung lauten y = 15 und y = -16. Weil y eine natürliche Zahl sein soll, kommt nur y = 15 infrage. Wegen x = y + 1 erhalten wir x = 16. Damit haben wir schon mal eine Lösung der Aufgabe gefunden.

Fall 2: (x−y) = 7

Wir setzen $x = y + 7$ in die Gleichung $x^2 + xy + y^2 = 103$ ein und erhalten analog zur Rechnung in Fall 1 als einzige Lösung $x = 9$ und $y = 2$.

Die Gleichung $x^3 - y^3 = 721$ hat also genau zwei Lösungen mit natürlichen Zahlen: (16, 15) und (9, 2).

34) 100 Affen bekommen 1600 Kokosnüsse

Aufgaben wie diese werden mit dem sogenannten Schubfachprinzip gelöst. Man verteilt Objekte in Fächer und zeigt so, dass entweder eines oder mehrere Objekte übrig bleiben oder auch fehlen. Das klingt ziemlich abstrakt – am konkreten Beispiel versteht man besser, wie die Methode funktioniert.

Wir wollen versuchen, das Gegenteil zu beweisen – also die 1600 Nüsse so zu verteilen, dass es keine vier Affen mit identischer Anzahl gibt. Jede Anzahl darf also höchstens dreimal vorkommen. Wenn das nicht gelingt, haben wir die Aufgabe gelöst. Wir werden dabei sehen, dass 1600 Kokosnüsse für die gewünschte Verteilung nicht ausreichen.

Wir verteilen zunächst Kokosnüsse auf 99 Affen. Drei Affen bekommen keine Nuss, die nächsten drei je eine, die nächsten drei je zwei und so weiter bis zu den letzten drei, die jeweils 32 Nüsse bekommen. Damit sind $3 \times (0 + 1 + 2 + \ldots + 32) = 1584$ Kokosnüsse verteilt. Dies ist für 99 Affen auch die Mindestanzahl an Nüssen, die nötig ist, um die Bedingung der Aufgabe zu erfüllen.
Für den Affen Nummer 100 bleiben dann noch $1600 - 1584 = 16$ Nüsse übrig. Er wäre dann zwangsläufig der vierte Affe mit dieser Anzahl von Nüssen.

153

Damit haben wir gezeigt, dass keine Verteilung existiert, bei der höchstens drei Affen gleich viele Nüsse bekommen.

35) Lügen, Wahrheiten und ein Virus

Eine mögliche Frage lautet: »Bist du krank?« Eine Person aus der Gruppe der Schurken würde diese Frage immer mit »Ja« beantworten, egal, ob sie krank ist oder nicht. Ein Ritter immer mit »Nein«.

Folgende Tabelle listet die Antworten befragter Inselbewohner für alle vier möglichen Kombinationen auf:

Befragte Person	Wahre Antwort	Gegebene Antwort
Gesunder Ritter	Nein	Nein
Kranker Ritter	Ja	Nein
Gesunder Schurke	Nein	Ja
Kranker Schurke	Ja	Ja

36) Wer ist der Dieb?

Ja, der Kommissar hat recht. Bert ist der Dieb.

Adam muss ein Lügner sein, denn ein ehrlicher Inselbewohner könnte nicht sagen, was Adam sagt, weil ehrliche Menschen keine Diebe sind.

Adam ist zwar ein Lügner, kann aber nicht der gesuchte Dieb sein, weil das nicht zu seiner Aussage passt. Daraus folgt: Der gesuchte

Dieb und der gesuchte ehrliche Inselbewohner können nur Bert und Chris sein. Aber wer von ihnen ist der Dieb?

Bert sagt: »Adam hat recht.« Das ist auf jeden Fall eine Lüge, wie wir bereits wissen, weil Adam zwar ein Lügner, aber nicht der Dieb ist. Daraus folgt: Auch Bert ist ein Lügner. Deshalb muss Chris ein ehrlicher Inselbewohner sein, denn mindestens einer der drei soll ja immer die Wahrheit sagen.

Weil Bert ein Lügner ist und Adam zwar auch ein Lügner, jedoch kein Dieb ist, muss Bert der gesuchte Dieb sein.

37) Verheiratet oder ledig?

Die Frau ist eine nicht verheiratete Lügnerin.

Sie kann nicht die Wahrheit sagen. Denn dann würde sie nicht erklären, sie sei eine Lügnerin. Also muss sie eine Lügnerin sein.
Wenn sie eine Lügnerin ist, muss ihre Aussage »Ich bin eine verheiratete Lügnerin« eine Lüge sein. Diese Aussage ist nur dann falsch, wenn sie nicht verheiratet ist, denn eine Lügnerin ist sie ja auf jeden Fall. Also ist sie eine nicht verheiratete Lügnerin. Sie muss nicht ledig sein, als Familienstand kommen auch geschieden oder verwitwet infrage.

38) Wer hat die weiße Mütze?

Es gibt zwei Herausforderungen bei dem Mützenrätsel: Die Männer dürfen nicht miteinander reden. Und der Mann, der die weiße Mütze aufhat, muss dies selbst herausfinden und nur er darf sich beim Richter melden.

Wie oft bei Logikrätseln, hilft eine Unterscheidung aller infrage kommenden Fälle. Auf wessen Kopf kann die weiße Mütze sein? Es gibt genau drei Möglichkeiten:

1) Der Mann ganz hinten hat sie auf

Der hintere Mann sieht, dass beide Männer vor ihm graue Mützen haben, also muss seine eigene weiß sein. Er ruft: »Ich habe die weiße Mütze.«

2) Der Mann in der Mitte hat die weiße Mütze

Der Mann ganz hinten sagt nichts, denn er sieht die weiße Mütze vor sich. Der Mann in der Mitte sieht vor sich eine graue Mütze. Aus dem Schweigen des Mannes hinter ihm kann er schlussfolgern, dass er selbst die weiße Mütze hat. Also meldet er sich beim Richter.

3) Der Mann ganz vorn hat die weiße Mütze

Die beiden hinteren Männer sehen beide die weiße Mütze des Mannes ganz vorn, sagen also deshalb nichts. Aus dem Schweigen der beiden hinteren Männer kann der Mann ganz vorn ableiten, dass er die gesuchte Mütze hat. Also meldet er sich beim Richter.

39) Wie geht die Reihe weiter?

Es ist Bild D.

Auf dem 3 × 3 Kästchen großen Feld bewegt sich jede kleine Figur von Bild zu Bild. Wir müssen analysieren, wie diese Bewegung für jede der Figuren aussieht und ob man dahinter ein Muster entdecken kann. Folgende Grafik zeigt die Bewegungen mit Pfeilen:

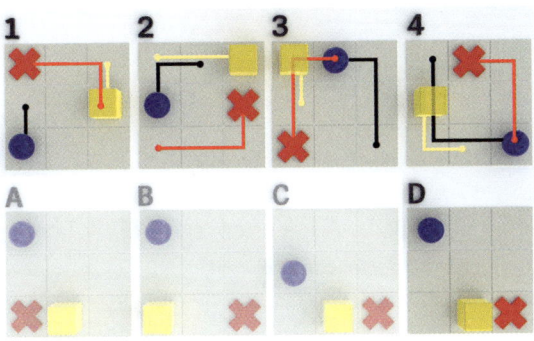

Fangen wir mit dem roten Kreuz an, das im ersten Bild ganz links oben liegt. Das Kreuz führt von Bild zu Bild einen sogenannten Rösselsprung aus. Sie kennen diese Bewegung vom Springer auf dem Schachbrett: zwei Kästchen nach vorn und dann eins zur Seite. Man könnte aber auch sagen: Das Kreuz wandert den Rand des 3 × 3-Feldes im Uhrzeigersinn entlang immer drei Schritte vorwärts. Deshalb muss es im fünften Bild unten rechts landen.

Nun zum gelben Würfel: Auch er wandert die äußeren Felder entlang – allerdings entgegen dem Uhrzeigersinn. Erst springt der Würfel ein Feld nach vorn, dann zwei, dann wieder eins und danach müsste es logischerweise wieder ein Sprung von zwei Feldern sein. Deshalb steht der gelbe Würfel im fünften Bild im mittleren Feld der unteren Reihe.

Schließlich zum blauen Ball: Er bewegt sich im Uhrzeigersinn über die äußeren Felder. Erst springt er ein Feld vor, dann zwei, dann drei, dann vier. Und im fünften Bild liegt der Ball dann ganz links oben.

40) Alles nur gelogen?

Auf Seite 2018 steht die Wahrheit:

In diesem Buch stehen genau 2018 Lügen.

Bei allen anderen Sätzen auf den übrigen 2018 Seiten handelt es sich um Lügen. Jeder einzelne Satz aus dem Buch widerspricht jedem anderen Satz von allen übrigen Seiten. Denn ein Buch kann nicht zugleich Lügen in zwei verschiedenen Anzahlen enthalten. Also sind entweder alle 2019 Aussagen falsch – oder aber höchstens eine der Aussagen ist wahr.

Fall 1

Wären alle Aussagen falsch, würde der Text auf Seite 2019

In diesem Buch stehen genau 2019 Lügen

zutreffen. Dieser Satz wäre also nicht falsch. Das stünde aber im Widerspruch zur Annahme, dass alle 2019 Aussagen falsch sind. Daher kann die Annahme nicht stimmen.

Fall 2

Also bleibt nur die Variante, dass eine der 2019 Aussagen stimmt – und 2018 Aussagen falsch sind. Deshalb steht auf Seite 2018 die Wahrheit – und auch nur dort. Der einzig wahre Satz lautet also:

In diesem Buch stehen genau 2018 Lügen.

41) Die raffinierten Schweigemönche

Die Anzahl der Tage entspricht exakt der Anzahl der Erkrankten. Also müssen es acht sein – und im Kloster lebten ursprünglich 24 Mönche.

Warum ist das so?

Jeder Mönch kann sehen, wie viele andere Mönche einen Punkt auf der Stirn haben. Ob er selbst erkrankt ist oder nicht, bekommt er mit messerscharfer Logik heraus.

Wir schauen uns zunächst den Fall an, dass genau ein Mönch infiziert ist. Alle Nichtinfizierten sehen am Tag der Abt-Rede den einen Mönch mit Punkt auf der Stirn. Sie wissen allerdings zunächst nicht, ob sie vielleicht selbst erkrankt sind – dann gäbe es zwei Infizierte.
Der Erkrankte wiederum erblickt keinen anderen Mitbewohner mit Punkt auf der Stirn. Weil er zugleich weiß, dass mindestens ein Mönch krank ist, kann er schlussfolgern, dass er selbst der einzige Infizierte ist. Er verlässt das Kloster deshalb direkt nach dem Essen und ist am nächsten Tag nicht mehr beim Essen dabei.

Der nächste Fall: Es gibt bereits zwei Kranke. Alle Mönche bis auf die zwei Kranken sehen zwei Personen mit einem Punkt auf der Stirn. Sie wissen, dass es mindestens zwei, höchstens aber drei Kranke gibt (sofern sie selbst betroffen sind).

Die beiden Erkrankten wiederum sehen nur einen anderen Mönch mit Stirnpunkt. Beide wissen, dass es mindestens einen Erkrankten – und eventuell auch zwei gibt, falls sie selbst auch betroffen sind (was sie natürlich noch nicht wissen).

Aus der Tatsache, dass der andere Erkrankte am Tag nach der Abt-Rede wieder zum Mittagessen erscheint, können beide Mönche schlussfolgern, dass sie selbst auch infiziert sind. Wäre der andere der einzige Infizierte, wüsste er das schon seit dem Tag der Rede des Abts und hätte das Kloster längst verlassen – siehe Fall eins.

Beiden ist somit klar, dass es genau zwei Erkrankte gibt. Sie werden das Kloster deshalb gemeinsam verlassen. Am Tag zwei nach der Rede des Abts nehmen sie nicht mehr am Mittagessen teil.

Weiter geht's mit dem Fall: Drei Mönche sind infiziert. Alle Anwesenden bis auf die drei Betroffenen sehen drei Männer mit einem blauen Punkt auf der Stirn. Sie können davon ausgehen, dass es insgesamt drei oder höchstens vier Infizierte gibt (in diesem Fall wären sie selbst erkrankt).

Die drei Infizierten wiederum erblicken nur auf der Stirn von zwei Männern einen Punkt. Alle drei stellen am Tag zwei nach der Abt-Rede folgende Überlegung an: Wäre ich nicht krank, gäbe es nur zwei Infizierte, und diese würden das auch schon am Tag eins nach der Abt-Rede wissen und wären zum Mittagessen am Tag zwei nicht mehr erschienen – siehe Fall zwei.

Weil sie aber noch da sind, kann das nur eins bedeuten: Ich bin auch krank. Also gibt es drei betroffene Mönche – und diese drei sind dann am Tag drei nach der Rede nicht mehr beim Essen dabei.

Diese Überlegungen gelten analog auch für die Fälle von vier, fünf, sechs, sieben und acht Infizierten. Und das bedeutet: Wenn am achten Tag ein Drittel der Mönche fehlt, gibt es acht Kranke und deshalb insgesamt 24 Mönche.

42) Falsche Fährte?

»Gehörst du zu denen, die behaupten würden, dass die linke Straße zum Schloss führt?«

Angenommen, die Antwort lautet »Ja«.

Falls der Mann die Wahrheit sagt, ist der linke Weg der richtige.

Ist der Mann hingegen ein Lügner, dann gehört er in Wahrheit nicht zu denen, die die linke Straße als Weg zum Schloss ausgeben würden, sondern die rechte. Wenn er die rechte Straße als Weg zum Schloss ausgibt, ist die linke Straße die richtige, weil der Mann ja ein Lügner ist. Also ist links auch hier die richtige Lösung, die Sie aus der Antwort »Ja« folgern können.

Nun zum Fall, dass die Antwort auf Ihre Frage »Nein« lautet.

Falls der Mann die Wahrheit sagt, ist der rechte Weg der richtige. Ist der Mann ein Lügner, ist ebenfalls der Weg rechts der richtige – mit einer analogen Argumentation wie oben für den linken Weg.

43) Die Wahrheit kommt ans Licht

Der dritte Mann ist ein Lügner, die anderen beiden sagen die Wahrheit.

Auf die Frage des Kellners geben Lügner und Wahrheitsliebende dieselbe Antwort: »Ich sage immer die Wahrheit.« Insofern war die Frage tatsächlich keine gute Frage.
Trotzdem lässt sich die Konstellation aufklären. Denn der erste Mann war zwar nicht zu verstehen, aber der zweite Mann wiederholt die für den Kellner nicht verständlichen Worte. Der erste Satz des zweiten Mannes (»Der erste hat auf jeden Fall gesagt, er sage immer die Wahrheit«) ist nämlich in jedem Fall eine wahre Aussage – egal, ob der erste Mann lügt oder nicht. Der zweite Mann kann daher kein Lügner sein.
Daraus folgt, dass der erste Mann auch kein Lügner ist, dafür aber der dritte Mann. Denn dieser bezeichnet die anderen beiden als Lügner, was definitiv falsch ist.

44) Clever gefragt

Der Zauberer holt einen Stapel Spielkarten aus seiner Tasche, zieht davon eine, ohne sie sich anzuschauen, und hält sie mit der Vorderseite der Frau entgegen.
»Ist das ein Ass?«, fragt er sie.
Wenn er die Antwort gehört hat, dreht er die Karte um und sieht sofort, ob die Frau gelogen hat oder nicht.

45) Der Weihnachtsmann an der Kreuzung

Die Idee der Lösung ist, dass die Eule auf jede Frage immer gleich antwortet, egal, in welchem Modus (wahre oder falsche Antwort) sie sich gerade befindet.

Die erste Frage könnte lauten: »Wie wäre deine Antwort, wenn meine nächste Frage lauten würde: ›Führt der Weg geradeaus in die Stadt?‹«
Falls der mittlere Weg der gesuchte ist, würde die Eule mit Nein antworten, egal, in welchem Modus sie sich gerade befindet. Warum? Wäre sie gerade im Lügenmodus, würde sie bei Antwort zwei die Wahrheit sagen – also Ja. Und daraus bei Antwort eins eine Lüge machen – also Nein. Wäre die Eule im Wahrheitsmodus, würde sie auf Frage zwei die falsche Antwort Nein geben – und diese auch in Antwort eins nennen, weil sie ja gerade die Wahrheit sagt.

Bei einem Nein als Antwort auf seine erste Frage weiß der Weihnachtsmann also Bescheid!
Bei einem Ja hingegen ist der Weg noch nicht gefunden. Denn es kommen zwei Wege als Lösung infrage: der rechte und der linke.
In diesem Fall stellt der Weihnachtsmann folgende zweite Frage: »Wie wäre deine Antwort, wenn meine nächste Frage lauten würde: ›Führt der Weg rechts in die Stadt?‹«
Bei der Antwort Nein ist der rechte Weg der gesuchte, bei einem Ja ist es der linke.

46) Die dreieckige Pyramide

Die Höhe der Pyramide beträgt 1/3.

Man könnte die Höhe auf relativ komplizierte Weise ausrechnen, indem man beispielsweise den Satz des Pythagoras benutzt. Mit einem Trick geht es aber auch viel einfacher. Dabei hilft uns die Volumenformel für Pyramiden:

$$\text{Volumen} = \frac{1}{3} \times \text{Grundfläche} \times \text{Höhe}$$

Die Grundfläche unserer Pyramide ist die gesamte Quadratfläche, von der zweimal ein Viertel dieser Fläche und einmal ein Achtel dieser Fläche abgezogen wird. Sie beträgt deshalb 3/8. Die Höhe kennen wir nicht – und deshalb auch noch nicht das Volumen.

Doch wir könnten das Volumen leicht berechnen, wenn wir die Pyramide auf ihre kleinste Seitenfläche stellen – das graue Dreieck rechts oben. Dieses hat eine Größe von 1/8. Und wir kennen auch die Höhe der auf dieser Seitenfläche stehenden Pyramide. Sie beträgt 1, denn alle drei Winkel der drei Seitenflächen an der rechten oberen Ecke der Pyramide haben eine Größe von 90 Grad. Die Höhe ist damit identisch mit der Seitenlänge des Quadrats. Das Volumen der Pyramide beträgt deshalb $\frac{1}{3} \times \frac{1}{8} \times 1 = \frac{1}{24}$.

Nun können wir leicht die Höhe der Pyramide ausrechnen, wenn sie auf ihrer größten Seitenfläche steht. Diese muss 1/3 betragen, denn nur dann ergibt sich als Volumen $\frac{1}{3} \times \frac{3}{8} \times \frac{1}{3} = \frac{1}{24}$.

47) Traumfigur gesucht

Ja, es gibt einen Körper, der alle drei Öffnungen beim Durchschieben vollständig verschließt. Das Bild zeigt ihn: Ein Zylinder, der genauso breit wie hoch ist – und der von zwei Seiten angeschrägt wurde.

48) Die eng umschlungene Erde

Die richtige Lösung ist b) – also 10 bis 20 Zentimeter.

Ohne das Problem zu berechnen, hätte ich auf weniger als 10 Zentimeter getippt. Meine Idee dabei war, dass man einen Meter quasi über 40.000 Kilometer verteilt und sich dabei nur sehr wenig verändern dürfte.
Doch das stimmt so nicht. Der Umfang eines Kreises wird mit der Formel $U = 2 \times \pi \times r$ berechnet. Das heißt: Wenn man den Umfang um einen bestimmten Betrag erhöht, wird der Radius um etwa ein Sechstel dieses Betrags größer.

In unserem Fall heißt das: Der Umfang erhöht sich um einen Meter und der Radius deshalb um einen Meter geteilt durch $2 \times \pi$. Das Ergebnis lautet 15,9 Zentimeter.

49) Zehn Bäume in fünf Reihen

Ja, es gibt mindestens eine geometrische Anordnungen der zehn Bäume, die den Wünschen der Grundstücksbesitzerin gerecht wird. Folgende Abbildung zeigt eine mögliche Lösung.
Jeder der zehn Bäume ist übrigens Teil von zwei verschiedenen Viererreihen. Nur deshalb ist es überhaupt möglich, dass zehn Bäume fünf Reihen zu je vier Bäumen bilden.

Bei der Figur handelt es sich um einen fünfzackigen Stern – auch Pentagramm, Fünfstern oder Drudenfuß genannt. Das Pentagramm ist ein Zehneck, das nicht konvex ist, sondern konkav.

Bei einem konvexen Vieleck (Polygon) sind alle Innenwinkel kleiner als 180 Grad. Beim Pentagramm ist diese Bedingung allerdings nur bei fünf der zehn Winkel erfüllt. Die anderen fünf Innenwinkel sind größer als 180 Grad.

Übrigens existieren sogar unendlich viele verschiedene Lösungen dieser Aufgabe, sofern man die Bäume auf den Schnittpunkten von fünf Geraden platziert, die folgende Bedingungen erfüllen:

1) Keine Gerade ist parallel zu einer anderen Geraden.
2) An keinem Punkt schneiden sich mehr als zwei Geraden.

Sind 1) und 2) erfüllt, schneidet jede der fünf Geraden jede der vier anderen. Dies ergibt 5 × 4/2 = 10 Schnittpunkte. Und an diesen zehn Schnittpunkten müssen die zehn Bäume stehen. Vielen Dank an den Leser Stefan Feuchtinger, der mir diese allgemeine Lösung des Problems geschickt hat!

50) Wie groß ist das innere Quadrat?

Die Fläche des inneren Quadrats ist genau halb so groß wie die des äußeren.

Um das herauszufinden, müssen wir keine komplizierte Flächenberechnung durchführen. Es reicht, das innere Quadrat um 45 Grad zu drehen, wobei der Drehpunkt dem Kreismittelpunkt entspricht.

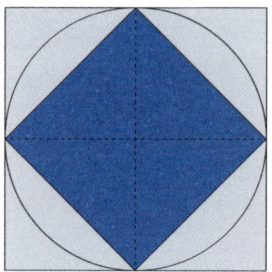

Dann sehen wir die Lösung sofort: Das innere Quadrat besteht aus vier rechtwinkligen Dreiecken. Und das äußere Quadrat setzt sich aus acht solchen rechtwinkligen Dreiecken zusammen. Die acht Dreiecke sind gleich groß. Daher ist das äußere Quadrat auch doppelt so groß wie das innere.

51) Der rollende Euro

Der kleine Kern im Innern der Münze rollt die Strecke B1–B2 nicht wirklich ab. Zumindest nicht auf eine Weise, die wir als Rollen bezeichnen würden. Zwar dreht sich das Innere des Eurostücks – jedoch langsamer, als es für die zurückgelegte Strecke nötig wäre.
Die Bewegung ist vergleichbar mit einer runden Scheibe, die etwas rollt und zugleich rutscht oder gleitet.
Anschaulich versteht man das, wenn man sich den Mittelpunkt der Euromünze als Kreis mit dem Radius null vorstellt. Durch Rollen kommt dieser Punkt nicht von der Stelle – sondern allein durchs Verschieben.

Dieses schon sehr alte Rätsel ist auch als Rad-Paradoxon von Aristoteles bekannt.

52) Der Kreis im Pizzastück

Es gilt: $R = \frac{1}{3} r$.

Wenn wir ein paar zusätzliche Linien in den Kreissektor einzeichnen, ist die Lösung nicht allzu kompliziert. Die Strecke, welche den 60-Grad-Sektor in zwei 30-Grad-Sektoren zerlegt, hat die Länge r. In der folgenden Skizze besteht sie aus einem blauen Stück mit der Länge s und einem roten mit der Länge R.

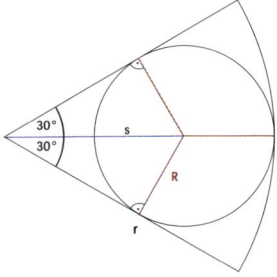

R ist der Radius des Innenkreises und s die Strecke von der Segmentspitze bis zum Mittelpunkt des Innenkreises – siehe Zeichnung. Also ist $r = s + R$.

Zugleich sehen wir, dass s doppelt so lang sein muss wie R, denn s und R bilden Hypotenuse und Kathete eines rechtwinkligen Dreiecks mit den Winkeln von 30, 60 und 90 Grad.
In einem solchen Dreieck ist die Hypotenuse genau doppelt so lang wie die kurze Kathete. Denn wir können das Dreieck an der längeren Kathete spiegeln und erhalten ein gleichseitiges Dreieck, dessen Innenwinkel alle 60 Grad groß sind.
Also gilt:

$s = r - R = 2R$

Woraus folgt: $R = \frac{1}{3} r$

53) 16 auf einen Streich

Ich habe relativ schnell eine Lösung selbst gefunden und bin bei der Recherche im Netz auf eine weitere gestoßen:

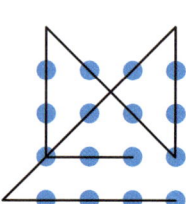 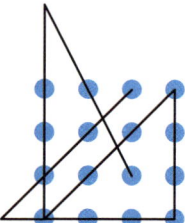

Ich hatte die Leser darum gebeten, mir ihre Lösungen zu schicken, falls sie noch weitere finden. Es kamen sehr viele Mails! Die Vielzahl der eingesandten Lösungen mit ihren überraschenden Symmetrien oder auch Asymmetrien hat mich überrascht. Womöglich gibt es sogar noch einige mehr.

Alle Lösungen zu finden, wäre eine interessante Aufgabe für Mathematiker – eine wissenschaftliche Veröffentlichung darüber habe ich auf die Schnelle nicht gefunden.

Die folgenden beiden Lösungen tauchten in verschiedenen Varianten besonders häufig auf. Beide bilden quasi je eine Familie von mehreren separaten Lösungen, bei denen die Anfangs- und Endpunkte nur jeweils anders gewählt werden. Sie liegen jedoch immer auf den sechs hier jeweils vorgegebenen Linien.

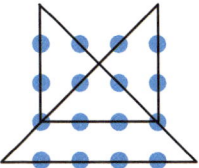 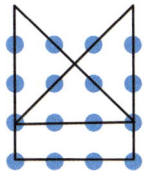

Die Figur links ist übrigens auch die Vorlage für eine der von mir vorgeschlagenen Lösungen – nur dass der Linienzug hier geschlossen ist wie beim Haus vom Nikolaus.

Besonders gut gefallen haben mir die folgenden zwei Vorschläge – natürlich wegen ihrer Ästhetik und Symmetrie:

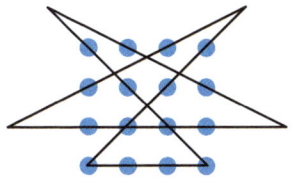 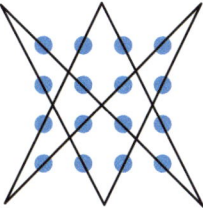

Die rechte Figur hat noch eine Besonderheit: Jeder der 16 Punkte wird nur ein einziges Mal von einem Strich berührt. Dies ist bei den von mir vorgeschlagenen Lösungen nicht der Fall.

Es gibt noch weitere Lösungen, bei denen alle Punkte nur einmal von einem Strich berührt werden:

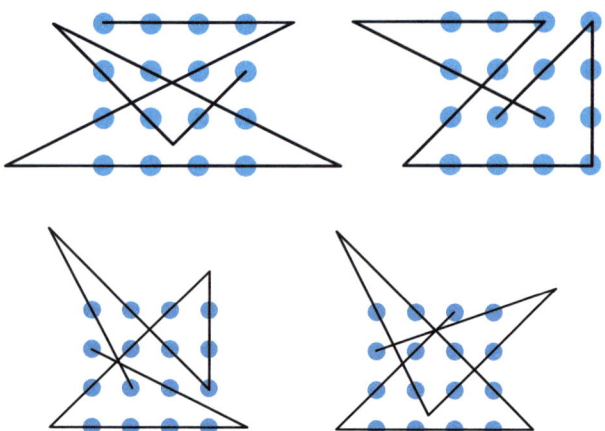

Es gibt jedoch auch noch weitere Lösungen, bei denen mindestens ein Punkt mehr als einmal von einem Strich berührt wird:

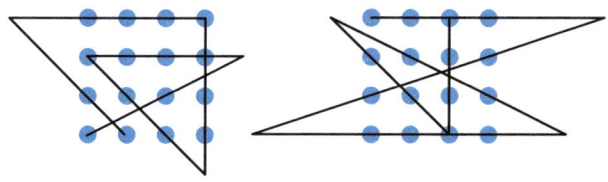

Vielen Dank noch einmal an die findigen Leser, die mir ihre Vorschläge geschickt haben!

54) Schnittige Würfel

Ein gleichseitiges Dreieck und ein regelmäßiges Sechseck sind kein Problem als Schnittflächenform. Ein regelmäßiges Fünfeck hingegen ist nicht möglich.

Wie man das Dreieck und das Sechseck hinbekommt – und warum es mit dem Fünfeck nicht klappt –, zeigen die folgenden Bilder:

Gleichseitiges Dreieck: Kein Problem! Sie zeichnen auf drei aneinanderstoßende Seitenflächen jeweils Diagonalen. Diese liegen in einer Ebene und sind gleich lang.

Regelmäßiges Fünfeck: Ein Fünfeck als Form ist zwar möglich, wenn Sie die Schnittebene geschickt legen. Doch dieses Fünfeck kann nicht regelmäßig sein.
Jede der fünf Kanten des Fünfecks liegt zwangsläufig auf einer anderen Seitenfläche des Würfels. Weil ein Würfel nur sechs Seitenflächen hat und diese aus drei Paaren paralleler Quadrate bestehen, liegen zweimal zwei Seiten auf gegenüberliegenden Seitenflächen und sind wegen des ebenen Schnitts jeweils parallel zueinander. Im regelmäßigen Fünfeck gibt es jedoch keine parallelen Seiten.

Regelmäßiges Sechseck: Diese Figur wiederum macht keine Schwierigkeiten. Sie markieren auf den Würfelkanten die Mitte jeder Kante. Dann verbinden Sie sechs dieser Mittelpunkte zu einem regelmäßigen Sechseck und haben die Schnittfläche – siehe Zeichnung.

55) Umschlossen von sechs Kreisen

Die Fläche beträgt $6 \times \sqrt{3} - 2 \times \pi = 4{,}11$

Wenn wir die Mittelpunkte der sechs Kreise verbinden, entsteht ein regelmäßiges Sechseck. Die eingeschlossene Fläche entspricht dann genau der Fläche des Sechsecks, von der wir noch die sechs Kreissektoren abziehen müssen.

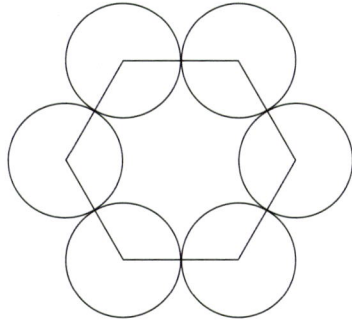

Die Fläche des Sechsecks entspricht der sechsfachen Fläche eines regelmäßigen Dreiecks mit der Kantenlänge 2. Ein solches Dreieck hat eine Höhe von $\sqrt{3}$, was man leicht mit dem Satz des Pythagoras ausrechnen kann (Länge Hypotenuse = 2, Länge kurze Kathete = 1, Höhe = $\sqrt{2 \times 2 - 1 \times 1} = \sqrt{3}$). Die Dreiecksfläche beträgt damit $2 \times \sqrt{3}/2 = \sqrt{3}$. Für das Sechseck erhalten wir daher als Fläche $6 \times \sqrt{3}$.

Jeder der sechs Kreissektoren entspricht einem Drittel der Kreisfläche – insgesamt müssen wir deshalb die doppelte Kreisfläche abziehen – also $2 \times \pi$.
Für die umschlossene Fläche erhalten wir deshalb:

$6 \times \sqrt{3} - 2 \times \pi$

56) Schräger Schnitt

Die Schnittfläche ist ein regelmäßiges Sechseck mit einer Öffnung in der Mitte in der Form eines Hexagramms. Die Spitzen dieses Sterns mit sechs Ecken zeigen jeweils auf die Mitte der sechs Seiten des Sechsecks.

57) 100 Münzen auf dem Tisch

Susanne nimmt im ersten Zug zwei Münzen. Dann liegen noch 98 Münzen auf dem Tisch – und Michael ist dran. Susanne kann nun mit Sicherheit gewinnen, wenn sie wie folgt vorgeht:

Sie wählt ihre Münzanzahl ab sofort immer so, dass nach zwei Spielzügen (1x Michael, 1x Susanne) stets genau sieben Münzen weniger auf dem Tisch liegen.
Wie sieht das konkret aus? Nimmt Michael zum Beispiel eine Münze, nimmt Susanne sechs. Sind es bei Michael zwei, nimmt Susanne fünf und so weiter – bis zu sechs Münzen bei Michael und einer bei Susanne.

Mit dieser Strategie kann Susanne bei jeder Münzanzahl, die ein Vielfaches von sieben ist, mit Sicherheit die letzte Münze bekommen, sofern Michael den ersten Zug hat. Und weil 98 = 7 × 14 ist, wird sie auch das Spiel mit den 100 Münzen auf dem Tisch gewinnen.

58) Jetzt ganz Schaf aufpassen

Wie eine für alle Beteiligten sichere Überfahrt gelingt, zeigt die folgende Tabelle. W steht für Wolf, S für Schaf. Die elf Schritte stehen untereinander.

Schritt	Dieses Ufer	Im Boot	Anderes Ufer
1	SSS W	WW →	
2	SSS W	← W	W
3	SSS	WW →	W
4	SSS	← W	WW
5	S W	SS →	WW
6	S W	← S W	S W
7	WW	SS →	S W
8	WW	← W	SSS
9	W	WW →	SSS
10	W	← W	SSS W
11		WW →	SSS W

59) Ein König auf der Flucht

Der König kann verhindern, dass er vom Springer geschlagen wird. Dazu muss er nur auf die Farbe des Feldes achten, auf dem der Springer aktuell steht.

Der Springer wechselt von Zug zu Zug stets die Farbe seines Felds. Steht er auf Weiß, landet er nach einem Rösslsprung zwangsläufig auf einem schwarzen Feld – und umgedreht.

Dies kann der König ausnutzen, indem er immer auf ein Feld mit der Farbe zieht, auf der der Springer aktuell steht.
Im nächsten Zug muss der Springer wieder auf die andere Farbe ziehen – das Feld des Königs bleibt für ihn so unerreichbar.

60) Exakt 100 Punkte abräumen – nur wie?

Alle drei haben recht!

Man könnte die für jeden Spieler passenden Punktzahlen durch geschicktes Ausprobieren finden. Vielleicht haben Sie ja entdeckt, dass $2 \times 47 + 6$ genau 100 ergibt – also Mike auf jeden Fall recht hat. Bei sechs oder acht Würfen kann das Ausprobieren jedoch etwas länger dauern. Besser ist, systematisch vorzugehen.

Alle Zahlen auf der Scheibe enden auf 6 oder auf 7. Damit sich die Punktzahlen mehrerer Würfe zu 100 addieren, muss die Summe der Einer der Punkte eine durch 10 teilbare Zahl sein.
1×6 endet auf 6, 2×6 auf 2, 3×6 auf 8 und so weiter. 1×7 endet auf 7, 2×7 auf 4, 3×7 auf 1 und so weiter. Folgende Tabelle zeigt, auf welche Ziffern die Vielfachen von 6 und 7 enden – wichtig sind allein die Einer:

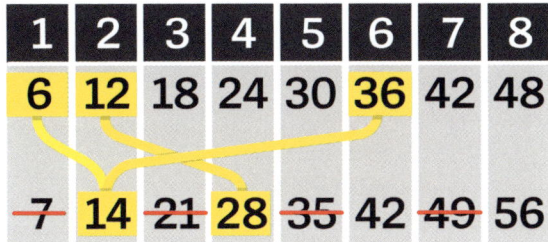

Wir schauen nun, wie viele auf 6 endende und wie viele auf 7 endende Zahlen sich zu einer auf 0 endenden Summe zusammenfügen. Wir suchen also alle Kombinationen heraus, deren Summe eine durch 10 teilbare Zahl ist. Wir erhalten schließlich:

3 Würfe: $1 \times 6 + 2 \times 7 = 20$
6 Würfe: $2 \times 6 + 4 \times 7 = 40$
8 Würfe: $6 \times 6 + 2 \times 7 = 50$

Es gibt noch weitere Kombinationen – beispielsweise $3 \times 6 + 6 \times 7 = 60$ oder auch $5 \times 6 = 30$. Für unsere Aufgabe interessant sind aber nur die drei gelb markierten, denn sie entsprechen den von Mike, Christian und Ayla genannten Wurfzahlen.

Wir müssen nun noch klären, ob in diesen Fällen tatsächlich 100 Punkte möglich sind – bislang wissen wir nur, dass die Punktzahlsumme auf jeden Fall durch 10 teilbar ist.
Und tatsächlich haben alle drei Spieler recht, wie folgende Punktkombinationen zeigen (es sind übrigens auch nicht die einzigen Lösungen):

1) $36 + 27 + 37 = 100$
2) $2 \times 6 + 7 + 17 + 27 + 37 = 100$
3) $2 \times 6 + 4 \times 16 + 7 + 17 = 100$

61) Welche Farbe hat dein Hut?

Fünf der zehn Häftlinge kommen mit Sicherheit frei.

Sie müssen dazu folgender Strategie folgen, über die sie sich vorab geeinigt haben: Die zehn nebeneinanderstehenden Häftlinge bilden fünf Paare aus Mann und Frau. Die ersten beiden links sind das erste Paar, die nächsten zwei das zweite und so weiter.
Wenn jeder seinen Hut aufgesetzt bekommen hat, schaut jeder nur auf die Hutfarbe seines Partners.
Der Mann aus jedem der fünf Paare sagt dem Direktor dann die Farbe des Hutes, den seine Partnerin aufhat. Die Frau wiederum wählt genau die Farbe, die der Hut des Partners nicht hat. Ist dieser rot, sagt sie blau und umgekehrt.

Dank dieser Strategie kommt von jedem der fünf Pärchen eine Person frei. Warum? Bei einem Pärchen haben entweder beide dieselbe Hutfarbe oder die Farben sind verschieden. Sind die Farben gleich, kommt der Mann frei. Sind sie unterschiedlich, kommt die Frau frei.

62) Welcher Wein steckt in welcher Kiste?

Das Minimum liegt bei drei Flaschen.
Nur zwei Flaschen zu ziehen, reicht nicht aus, weil wir damit allerhöchstens den Inhalt einer Kiste aufklären können, nicht aber den der übrigen drei.

Wir nummerieren die vier Boxen von links nach rechts von 1 bis 4. Zuerst ziehen wir zwei Flaschen aus Kiste 2 mit der Beschriftung WWR.

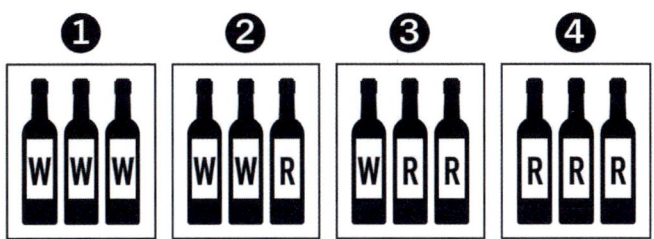

Sofern es sich dabei um zwei Weißweine handelt, müssen in dieser Kiste drei Weißweinflaschen sein (WWW). Nur zwei Weißweinflaschen können es nicht sein, denn die Box ist ja mit WWR beschriftet und diese Beschriftung ist laut Aufgabe falsch.

Als Nächstes ziehen wir eine Flasche aus Box 3 – und wenn wir dabei eine weiße Flasche erwischen, wissen wir, dass in dieser Box die Kombination WWR stecken muss. (WRR geht nicht, denn das steht ja auf der Kiste.) In Box 1 steckt dann RRR und in Box 4 WRR – wir sind fertig!

Falls wir aber aus Kiste 2 zwei Weißweine ziehen und danach aus Kiste 3 eine Rotweinflasche, können wir das Rätsel noch nicht lösen. Denn dann sind für Kiste 3 noch zwei Varianten möglich: WWR oder RRR. Wir bräuchten dann also auf jeden Fall mehr als drei Flaschen, um die Verteilung endgültig aufzuklären.

Es gibt noch einen anderen Fall, in dem wir mit drei Flaschen auskommen: Wenn wir aus Kiste 2 einen Rot- und einen Weißwein ziehen, muss für diese Kiste gelten: WRR. Als Nächstes holen wir eine Flasche aus Box 4 – und wenn es sich dabei um eine Rotweinflasche handelt, gilt für diese Kiste WWR. (RRR ist nicht möglich, weil das ja auf der Kiste steht und nicht stimmt.)

Analog dazu können wir im ersten Schritt auch zwei Flaschen aus Kiste 3 ziehen – und mit etwas Glück ebenfalls nach dem Ziehen einer dritten Flasche aus den Kisten 2 oder 1 die Verteilung aller zwölf Flaschen kennen.

63) 15 Minuten messen – mit zwei Zündschnüren

Zuerst die Lösung für zwei Schnüre: Wir zünden zugleich eine Zündschnur an beiden Enden und die andere an nur einem Ende an. Nach 30 Minuten ist die Zündschnur Nummer eins abgebrannt. In diesem Moment zünden wir Zündschnur zwei an dem Ende an, das bisher noch nicht gebrannt hat.

Zündschnur zwei würde ab diesem Zeitpunkt mit nur einer Flamme noch genau 30 Minuten brennen. Weil sich aber nach dem Anzünden des anderen Endes zwei Flammen aufeinander zubewegen, dauert es genau 15 Minuten, bis diese Zündschnur abgebrannt ist.

Das Bestimmen von 15 Minuten gelingt theoretisch auch mit nur einer Zündschnur. Allerdings muss man dabei sehr schnell sein. Denn nur wenn permanent vier Flammen zugleich aktiv sind, ist eine 60 Minuten brennende Zündschnur schon nach 15 Minuten abgebrannt.

Zum Start zünden wir beide Enden und zusätzlich eine Stelle etwa in der Mitte der Lunte an. Die Flamme in der Mitte teilt sich in zwei Flammen auf, die nach rechts und links wandern. Auf diese beiden Flammen bewegen sich die zwei von den Rändern kommenden Flammen zu.

Sobald ein Segment abgebrannt ist, weil sich zwei Flammen getroffen haben, müssen Sie sofort in einem anderen, noch nicht abgebrannten Segment einen beliebigen inneren Punkt anzünden, damit weiterhin vier Flammen brennen. Am Ende beträgt die gesamte Brenndauer der Lunte 15 Minuten.

Zugegeben: Die Lösung ist schwer umsetzbar, weil Sie in immer kürzeren Abständen immer kleinere Segmente anzünden müssen. Aber sie funktioniert grundsätzlich.

64) Alle Quadrate müssen weg

Die minimale Anzahl beträgt neun.

Um alle 16 Quadrate der Größe 1×1 zu »zerstören«, müssen wir mindestens acht Streichhölzer wegnehmen. Denn sofern jedes der weggenommenen Hölzchen an genau zwei Quadrate grenzt (sich also nicht am äußeren Rand befindet), werden durch das Wegnehmen eines solchen Hölzchens zwei 1×1-Quadrate »zerstört«. Bei acht Hölzchen kommt man auf $8 \times 2 = 16$ zerstörte Einer-Quadrate.

Doch acht Hölzchen reichen nicht aus, weil ja auf jeden Fall auch das große 4×4-Quadrat unterbrochen werden muss. Deshalb muss die Anzahl bei mindestens neun liegen. Die Frage ist, ob mit neun Hölzchen eine Lösung möglich ist.
Mit etwas Probieren findet man tatsächlich eine Lösung – zum Beispiel die folgende:

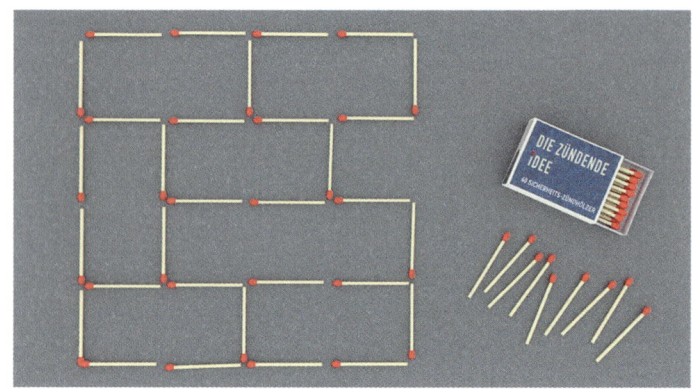

Wie gesagt: Die Idee zu diesem Rätsel stammt ursprünglich von Sam Loyd. Später haben es unter anderem Martin Gardner in seiner Kolumne im »Scientific American« aufgegriffen und Heinrich Hemme in seinem Buch »101 mathematische Rätsel«.

In dem Buch »Algorithmic Puzzles« von Anany Levitin und Maria Levitin wird auch der allgemeine Fall diskutiert, bei dem das Ausgangsquadrat aus n × n Quadraten der Größe 1 × 1 besteht.

65) Die Lieblingsknobelei des Mathegenies

Ich komme auf 20 Nächte, wenn ich die unten beschriebene Strategie verfolge.

Ich halbiere das eingezäunte Wüstenareal immer wieder aufs Neue, indem ich in jeder Nacht ein neues Stück Zaun einziehe. Ich beginne mit einem zehn Kilometer langen Zaun, den ich in der ersten Nacht aufstelle, der das Wüstenquadrat genau halbiert.

Am folgenden Tag schaue ich, in welcher Hälfte sich der Löwe befindet. In der folgenden Nacht halbiere ich dieses Areal mit dem nächsten Stück Zaun. Nach zwei Tagen habe ich den Löwen damit in einem Quadrat gefangen, dessen Kante halb so lang (1/2) ist wie das Ausgangsquadrat.

Am Morgen danach schaue ich wieder, in welchem der beiden infrage kommenden Quadrate sich der Löwe aufhält, und teile dieses in der darauffolgenden Nacht mit dem nächsten Zaunstück auf. In der darauffolgenden Nacht teile ich das halbierte Quadrat nochmals – und habe den Löwen nach vier Nächten in einem Quadrat gefangen, dessen Kante ein Viertel so lang (1/4) ist wie das Ausgangsquadrat. Siehe folgende Skizze:

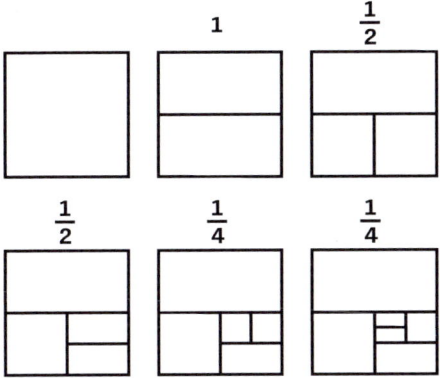

Nach sechs Nächten beträgt die Kantenlänge 1/8, nach acht Nächten 1/16 und schließlich nach 20 Nächten 1/1024 der Kantenlänge des Ausgangsquadrats.

10 km geteilt durch 1024 ergibt 9,76 Meter. Damit sind wir fertig. Denn das Quadrat, in dem sich der Löwe nach 20 Nächten befindet, hat jetzt die geforderte Kantenlänge von höchstens zehn Metern.

66) Parole!

Acht.

Denn das Passwort gibt an, aus wie vielen Buchstaben das Zahlwort besteht, das der Türsteher genannt hat.

67) Fünf Damen auf einem Schachbrett

Es gibt ganz offensichtlich mehrere Lösungen – zwei sehen Sie hier. Die Lösung links hat eine überraschende Symmetrie:

Auch die Lösung rechts nutzt eine gewisse Ordnung bei der Positionierung – man muss hier aber etwas genauer hinschauen.

Wie habe ich diese beiden Lösungen gefunden?

Ich bin davon ausgegangen, dass die fünf Damen in einem 5×5 Felder großen Quadrat stehen – jede auf einer anderen Reihe und auf einer anderen Linie. Dieses 5×5-Quadrat soll oben rechts auf dem Brett liegen. Dadurch sind durch waagerechte und senkrechte Züge alle Felder des Schachbretts abgedeckt – bis auf das 3×3 Felder große Quadrat links unten.

Die Felder dieses 3×3-Quadrats werden dann über diagonale Züge der fünf Damen erreicht. Ich habe einfach sämtliche Diagonalen von links unten nach rechts oben gezogen – und dabei genau fünf Diagonalen erhalten.

Wenn nun jede der fünf Damen auf einer dieser fünf Diagonalen steht, sodass alle fünf Diagonalen besetzt sind, sind alle Felder des Schachbretts abgedeckt.

Es gibt übrigens noch Dutzende weitere Konstellationen, die mir Leser geschickt haben. Insgesamt sind wohl 4860 verschiedene Lösungen möglich. So lautet zumindest das Ergebnis von drei Lesern, die jeweils mit einem selbst geschriebenen Computerprogramm nach den Lösungen gefahndet haben. Dabei haben sie alle Stellungen von fünf Damen auf dem Brett systematisch durchprobiert und jeweils (per Code) geschaut, ob alle Felder bedroht sind.

In der wohl kuriosesten Lösung stehen alle fünf Damen in einer Reihe. Trotzdem werden von ihnen sämtliche Felder abgedeckt – natürlich teils über die Diagonalen.

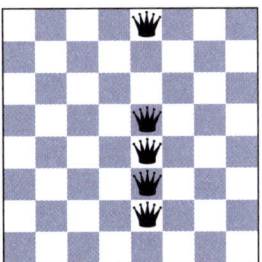

Hübsch sind auch die beiden folgenden Lösungen, bei denen vier Damen auf einer Diagonalen stehen.

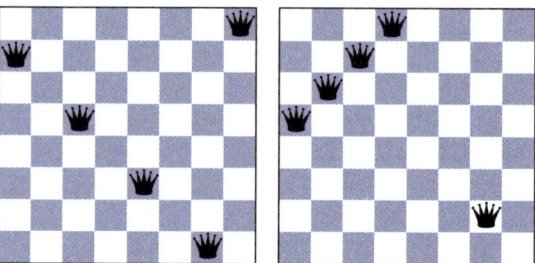

Bei vielen der eingesandten Lösungen bilden vier Damen die Eckpunkte eines Quadrats, das in Relation zum Schachbrett leicht gedreht ist. Eine Auswahl solcher Lösungen finden Sie hier:

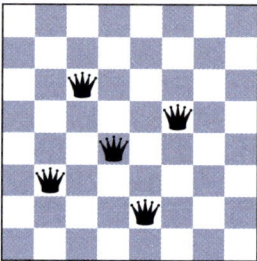

Zwei weitere Lösungen verblüffen mit ihrer Symmetrie:

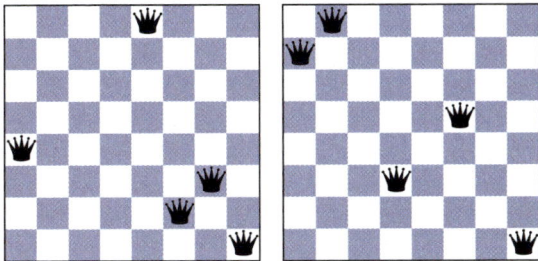

Es gibt jedoch auch Lösungen ohne offensichtliche Symmetrie:

68) Kuddelmuddel in der Poststelle

Nach Brasilien und Schweden gingen zusammen fünf Rechnungen – und nach Singapur drei – macht zusammen acht Rechnungen.

Beginnen wir mit Brasilien und Schweden. In jedes dieser Länder müssen mindestens zwei und höchstens drei Rechnungen verschickt worden sein.
Die Untergrenze von zwei ist am einfachsten zu finden. Gäbe es nur

eine einzige Rechnung, wäre eine Vertauschung nicht möglich. Also müssen es mindestens zwei sein.

Nun zur Obergrenze. Wären es vier oder mehr Rechnungen, gäbe es mehr als sechs Möglichkeiten, sie zu vertauschen, sodass jeder Brief falsch adressiert wäre. Dies zeigt die folgende Übersicht für die Anzahl vier. Wenn A, B, C, D die richtige Reihenfolge ist, wären folgende Kombinationen möglich:

B, A, D, C
B, C, D, A
B, D, A, C
C, A, D, B
C, D, A, B
C, D, B, A
D, A, B, C
D, C, A, B
D, C, B, A

Das sind schon neun verschiedene Kombinationen – es sollen jedoch insgesamt nur sechs sein.

Daraus folgt: Nach Brasilien und Schweden wurden je zwei oder drei Briefe verschickt – alle falsch adressiert. Bei zwei Briefen gibt es genau eine Möglichkeit, diese zu vertauschen: Statt A, B einfach B, A. Bei drei Briefen sind es zwei Möglichkeiten – statt A, B, C nämlich B, C, A und C, A, B.

Auch nach Singapur können nicht vier Rechnungen oder mehr adressiert worden sein, von denen eine tatsächlich ankam. Denn auch dabei gäbe es immer mehr als sechs Möglichkeiten. Bei vier Empfängern hätte einer – und zwar A, B, C oder D – den Brief bekommen müssen, die drei anderen nicht. Dafür gibt es acht Kombinationen – das sind zu viele:

A, C, D, B
A, D, B, C
C, B, D, A
D, B, A, C
B, D, C, A
D, A, C, B
B, C, A, D
C, A, B, D

Bei der Post nach Singapur gibt es bei drei Briefen drei Möglichkeiten: A, C, B und C, B, A und B, A, C. Zwei Briefe können es nach Singapur nicht gewesen sein, denn einer war richtig adressiert und dann hätte das auch für den zweiten gelten müssen. Ein Brief wiederum ist theoretisch möglich – dann wäre der eine Brief angekommen und weitere Briefe hätte es nicht gegeben.

Die Gesamtzahl der Kombinationen soll sechs gewesen sein. Diese ist das Produkt der Kombinationen für jedes der drei Länder. Als Faktoren (mögliche Kombinationen je Land) sind 1, 2 und 3 möglich. Um auf 6 zu kommen, müssen die drei Faktoren 1, 2 und 3 je einmal auftauchen. Faktor 3 ist nur bei Singapur möglich – folglich müssen die Faktoren 1 und 2 bei Brasilien und Schweden zu finden sein.

Daraus folgt: Schweden und Brasilien kommen auf $2+3=5$ Rechnungen. Und Singapur hat drei Rechnungen – macht zusammen acht.

69) Die Sockenlotterie

Es sind 18,2 Jahre!

Wir berechnen zunächst die Wahrscheinlichkeit dafür, dass die zehn Socken zufällig nach Paaren sortiert sind, wenn wir ein einziges Mal zehn Socken nacheinander aus der Maschine holen.
Nach dem Ziehen der ersten Socke sind noch neun Socken in der Trommel. Aber nur eine davon passt farblich zur bereits gezogenen. Die Wahrscheinlichkeit p_1, diese eine Socke zu erwischen, beträgt 1/9.

Mit $p_1 = 1/9$ hängen nach dem Ziehen von zwei Socken zwei gleichfarbige auf der Leine, acht Socken sind noch in der Maschine. Wir ziehen die dritte Socke und hängen sie auf. Nur eine der verbliebenen sieben Socken hat die gleiche Farbe. Die Wahrscheinlichkeit p_2, diese zufällig zu ergreifen, liegt bei 1/7.
Die Wahrscheinlichkeit, dass nach vier herausgenommenen Socken zwei Paare nebeneinander auf der Leine hängen, beträgt deshalb

$$p_1 \times p_2 = \frac{1}{9} \times \frac{1}{7} = \frac{1}{7 \times 9}.$$

Wir müssen in diesem Fall die einzelnen Wahrscheinlichkeiten miteinander multiplizieren, weil es sich um eine sogenannte bedingte Wahrscheinlichkeit handelt.

Weiter geht es mit der fünften Socke, die wir ziehen und neben die zwei Paare aufhängen. Die Wahrscheinlichkeit p_3, dass die sechste Socke zur fünften passt, ist dann 1/5, weil ja nur noch fünf Socken in der Trommel liegen.
Die Wahrscheinlichkeit für drei nebeneinander hängende Sockenpaare beträgt daher

$$p_1 \times p_2 \times p_3 = \frac{1}{9} \times \frac{1}{7} \times \frac{1}{5} = \frac{1}{5 \times 7 \times 9}.$$

Auf die gleiche Weise berechnen wir die Wahrscheinlichkeit für vier nebeneinander hängende Sockenpaare:

$$p_1 \times p_2 \times p_3 \times p_4 = \frac{1}{9} \times \frac{1}{7} \times \frac{1}{5} \times \frac{1}{3} = \frac{1}{3 \times 5 \times 7 \times 9} = \frac{1}{945}$$

Diese Zahl entspricht auch der Wahrscheinlichkeit dafür, dass alle zehn Socken nach Paaren sortiert sind, denn wenn dies bereits auf die ersten acht Socken zutrifft, können die letzten beiden in der Trommel verbliebenen Socken nur ein Paar bilden.

Weil die Wahrscheinlichkeit 1/945 beträgt, muss Harald im Durchschnitt 945 Mal seine zehn Socken waschen, damit sie sortiert auf der Leine hängen. Das entspricht 945/52 = 18,2 Jahren.

70) Im Würfelglück

Es sind knapp 15 Würfe. Ist das mehr, als Sie gedacht hatten? Der exakte Wert liegt übrigens bei 14,7.
Die Aufgabe ist verwandt mit dem Sammelbilderproblem. Dabei geht es um die Frage, wie viele Sammelbilder einer Serie mit verschiedenen Motiven man durchschnittlich kaufen muss, bis die Serie vollständig ist.
Das klassische Beispiel dafür sind Sammelalben für große Fußballturniere. Zur EM 2016 gab es 680 verschiedene Motive. Wer auf das Tauschen mit anderen Sammlern verzichtete, musste im Schnitt fast 5000 Sticker kaufen, um jeden Aufkleber dabeizuhaben.

Wir können den Würfel als Serie mit sechs verschiedenen Motiven interpretieren. Jeder Wurf entspricht dem zufälligen Ziehen eines Motivs – und wir möchten jedes Motiv mindestens einmal haben. Mit der Sammelbilder-Formel lässt sich leicht berechnen, wie viele Würfe dafür durchschnittlich nötig sind.

Der erste Wurf ergibt mit einer Wahrscheinlichkeit von 1 eine Augenzahl, die wir noch nicht hatten. Also brauchen wir genau einen Wurf, um eine von sechs Augenzahlen zu haben.
Beim zweiten Wurf ist die Wahrscheinlichkeit p = 5/6, eine Zahl zu würfeln, die nicht der zuerst gewürfelten entspricht. Wir brauchen dann im Schnitt 1/p = 6/5 Würfe, um zwei verschiedene Augenzahlen zu haben.
Wenn wir zwei verschiedene Augenzahlen haben, beträgt die Wahrscheinlichkeit beim nächsten Wurf p = 4/6, eine der vier Zahlen zu würfeln, die noch fehlen. Um eine dieser Zahlen tatsächlich zu würfeln, sind im Mittel 1/p = 6/4 Würfe nötig.
So geht es immer weiter: Für die vierte Augenzahl sind im Schnitt 6/3 Würfe erforderlich, für die fünfte 6/2 und für die letzte fehlende Augenzahl schließlich 6/1.

Nun addieren wir diese sechs Zahlen und erhalten so die mittlere Anzahl von Würfen, die man braucht, um alle sechs Augenzahlen mindestens einmal zu haben. Das Ergebnis lautet:

$$1 + \frac{6}{5} + \frac{6}{4} + \frac{6}{3} + \frac{6}{2} + \frac{6}{1} = 14{,}7$$

71) Trenchcoat-Roulette in Pullach

Die Wahrscheinlichkeit, dass mindestens ein Agent seinen Mantel bekommt, beträgt 5/8.

Wir gehen indirekt vor, indem wir die Wahrscheinlichkeit p berechnen, dass alle vier Mäntel falsch zugeordnet sind. Wenn wir p kennen, ist 1−p der gesuchte Wert.
Es gibt $4! = 4 \times 3 \times 2 \times 1 = 24$ Verteilungen der Mäntel über die vier Männer. In welchen dieser 24 Konstellationen sind alle vier Mäntel falsch verteilt?

Wir bezeichnen die Agenten mit A1 bis A4 und die Mäntel von M1 bis M4. Wenn A1 einen falschen Mantel hat, kann es sich nur um M2, M3 oder M4 handeln. Diese Fälle schauen wir uns genauer an:

A1 bekommt M2

Dann sind drei Fälle möglich:

    A2-M1, A3-M4, A4-M3
    A2-M3, A3-M4, A4-M1
    A2-M4, A3-M1, A4-M3

A1 bekommt M3

Auch dann sind drei Fälle möglich:

    A2-M1, A3-M4, A4-M2
    A2-M4, A3-M1, A4-M2
    A2-M4, A3-M2, A4-M1

A1 bekommt M4

Dann sind ebenfalls drei Fälle möglich:

A2-M1, A3-M2, A4-M3
A2-M3, A3-M1, A4-M2
A2-M3, A3-M2, A4-M1

Also gibt es insgesamt $3 \times 3 = 9$ Fälle, in denen kein Agent seinen eigenen Mantel bekommt.

$$p = \frac{9}{24} = \frac{3}{8}$$

$$p - 1 = 1 - \frac{3}{8} = \frac{5}{8}$$

72) Würfelduell

Das Spiel ist fair. Bei einem einzelnen Würfel hat eine gerade Augenzahl (2, 4, 6) dieselbe Wahrscheinlichkeit wie eine ungerade Augenzahl (1, 3, 5).

Wenn wir allein auf gerade und ungerade Augenzahlen achten, sind vier verschiedene Ausgänge beim Werfen von zwei Würfeln möglich. Dabei berücksichtigen wir, dass die Summe zweier Zahlen genau dann ungerade ist, wenn von den Summanden einer gerade und einer ungerade ist.

Augenzahl Würfel 1	Augenzahl Würfel 2	Summe
gerade	gerade	gerade
ungerade	gerade	ungerade
gerade	ungerade	ungerade
ungerade	ungerade	gerade

Die vier Ergebnisse zweimal gerade, zweimal ungerade, ungerade gerade und gerade ungerade sind gleich wahrscheinlich. Daher gilt das auch für die Summe gerade versus ungerade.

73) Wie viele neue Bahnhöfe gibt es?

Es sind genau zwei. Und das Netz bestand ursprünglich aus acht Bahnhöfen, nach der Erweiterung sind es zehn.

Man kann die Lösung bestimmt auch durch geschicktes Ausprobieren finden. Dann ist jedoch unter Umständen nicht gesichert, ob es wirklich nur eine Lösung gibt, was der Aufgabentext ja suggeriert.

Ich habe das Problem so gelöst: n soll die ursprüngliche Zahl der Bahnhöfe sein. Durch die Netzerweiterung kommen k neue Bahnhöfe hinzu.
Vor der Erweiterung gab es $n \times (n-1)$ verschiedene Fahrkarten, von jedem der n Bahnhöfe zu jedem der n−1 anderen Bahnhöfe.
Nach der Erweiterung um k Bahnhöfe sind es $(n+k) \times (n+k-1)$ verschiedene Fahrscheine.
Die Differenz von $(n+k) \times (n+k-1)$ und $n \times (n-1)$ muss genau 34 ergeben.

$34 = n^2 + 2nk + k^2 - n - k - 1 - (n^2 - n)$
$34 = k^2 + 2nk - k$

Wir können auf der rechten Seite k ausklammern und erhalten:

$34 = k \times (k + 2n - 1)$

Weil n und k beides natürliche Zahlen sind, müssen k und (k + 2n – 1) Teiler von 34 sein. Die Zahl 34 hat genau vier Teiler: 1, 2, 17, 34

Wir probieren nun einfach diese vier Teiler für k aus und schauen, ob es damit tatsächlich eine Lösung für n gibt.

k = 1 führt zu n = 17.
k = 2 ergibt n = 8.

Für k = 17 und k = 34 existiert jeweils keine positive, ganzzahlige Lösung für n.

Wir haben also zwei Lösungen gefunden. Doch k = 1 scheidet aus, weil dann das Netz nur um einen einzigen Bahnhof erweitert worden wäre, in der Aufgabenstellung heißt es jedoch: »Es kommen neue Bahnhöfe hinzu« – im Plural! Deshalb bestand das Netz ursprünglich aus acht Bahnhöfen und wurde um zwei erweitert.

74) Sieben Zwerge, sieben Betten

Die Wahrscheinlichkeit liegt bei 5/12 – also etwa 42 Prozent.

Mit einer Wahrscheinlichkeit von 1/6 legt sich der kleinste Zwerg in das Bett des größten. Dann kann der größte Zwerg auf keinen Fall in seinem Bett schlafen.
Mit einer Wahrscheinlichkeit von 5/6 wählt der kleinste Zwerg eines

der Betten, die den fünf nächstgrößeren Zwergen gehören. In diesem Fall sind das Bett des kleinsten Zwerges und das Bett des größten Zwerges anfangs beide frei.

Ob der größte Zwerg in seinem Bett landet oder nicht, hängt davon ab, welches dieser beiden Betten zuerst belegt wird – und zwar von einem Zwerg, in dessen Bett schon ein anderer Zwerg liegt.
Wählt dieser ein Bett suchende Zwerg zufällig das Bett des kleinsten Zwergs, können alle nach ihm folgenden Zwerge sich in ihr eigenes Bett legen – auch der größte.
Wählt der Zwerg, dessen Bett nicht frei ist, das Bett des größten Zwerges, wird der größte Zwerg darin nicht schlafen können.
Wählt der Zwerg, dessen Bett nicht frei ist, weder das Bett des kleinsten noch das des größten Zwergs, geht die Bettensuche weiter bei dem Zwerg, dessen Bett nun belegt ist.

In jedem Fall gilt: Wenn der größte Zwerg sich hinlegen möchte, ist entweder das kleinste oder das größte Bett (sein eigenes!) noch frei. Weil sich die Zwerge stets zufällig für ein freies Bett entscheiden, wenn ihr eigenes Bett belegt ist, sind die Wahrscheinlichkeiten für beide Fälle gleich groß – und zwar jeweils 1/2.

Die Wahrscheinlichkeit dafür, dass der größte Zwerg in seinem Bett schläft, beträgt deshalb $1/2 \times 5/6 = 5/12$.

Hinweis: Dieses Problem ähnelt der Aufgabe 93 (siehe Seite 107), bei der ein Mann ohne Bordkarte in ein Flugzeug steigt. Der entscheidende Unterschied ist, dass der Fluggast sich auf einen zufällig gewählten Platz setzt, der auch der ihm ursprünglich zugewiesene sein könnte. Der Zwerg hingegen wählt zufällig das Bett eines anderen Zwerges aus, jedoch auf keinen Fall sein eigenes.

75) Die verbogene Münze

Der Trick besteht darin, die Münze nicht nur ein einziges Mal, sondern zweimal nacheinander zu werfen und sich dann das Ergebnis anzuschauen. Die Kapitäne müssen sich vorher entscheiden, ob sie auf die Reihenfolge Kopf-Zahl oder die umgekehrte Reihenfolge Zahl-Kopf setzen.

Weil die Ergebnisse aufeinanderfolgender Würfe unabhängig voneinander sind, müssen die Wahrscheinlichkeiten von Kopf-Zahl und Zahl-Kopf gleich groß sein. Deshalb handelt es sich hier um eine faire Zufallsentscheidung mit einer Gewinnwahrscheinlichkeit von 50 Prozent für jeden der beiden Kapitäne.

Das Münzwerfen könnte sich allerdings etwas in die Länge ziehen. Denn falls bei den beiden Würfen zweimal dieselbe Münzseite oben liegt, also Kopf-Kopf oder Zahl-Zahl, gibt es keine Entscheidung und der zweifache Münzwurf muss wiederholt werden. Im Extremfall auch mehrfach. Die Wahrscheinlichkeit der seltener oben liegenden Münzseite sollte also nicht zu klein sein. Ansonsten muss man nämlich sehr lange warten, bis sie überhaupt einmal oben liegt.

Leser haben mir noch zwei weitere Lösungen vorgeschlagen, die nur einen Münzwurf oder sogar gar keinen erfordern. Der Schiedsrichter könnte die Münze hinter seinem Rücken in eine seiner beiden Hände legen und den Kapitänen dann seine beiden geschlossenen Hände zeigen. Wer die Hand wählt, in der die Münze ist, hat gewonnen.

Oder aber der Schiedsrichter wirft die Münze schnell rotierend in die Luft, fängt sie mit beiden Händen auf, hält die Hände dann waagerecht und nimmt die obere Hand weg. Dabei stellt er sich genau in die Mitte zwischen die beiden Kapitäne. Die Richtung, in welche die Münze zeigt, verrät den Gewinner. Als Richtung würde man den gedachten Pfeil nehmen, der vom unteren Rand der Zahl oder des Kopfes auf der Münze zum oberen Rand zeigt.

76) Fotofinish

Ja, es gibt solche Konstellationen.

Schauen wir auf die folgenden drei Zieleinläufe – sie erfüllen die gesuchten Bedingungen (die Namen von Ludwig, Marie und Ophelia sind mit L, M und O abgekürzt):

LMO
MOL
OLM

Es gilt:

L ist zweimal vor M und einmal hinter M,
M ist zweimal vor O und einmal hinter O,
O ist zweimal vor L und einmal hinter L.

Wenn diese drei Einläufe an den 30 Tagen je zehnmal erfasst wurden, ist eine Konstellation gefunden.

Es ist auch möglich, dass die sechs insgesamt möglichen Zieleinläufe

LMO LOM
MOL MLO
OLM OML

je viermal aufgetreten sind. Dann waren an diesen $4 \times 6 = 24$ Tagen alle Rangfolgen zwischen zwei Personen gleich häufig. Wenn dann an den übrigen sechs Tagen die drei oben genannten Varianten

LMO
MOL
OLM

jeweils zweimal erfasst wurden, sind die Bedingungen der Aufgabe ebenfalls erfüllt.

77) Wie wählen Kombinatoriker ihre neue Spitze?

Sechs Runden sind nötig.

Wenn wir die 20 Kandidaten durchnummerieren, erfüllt zum Beispiel folgende Aufteilung die geforderten Bedingungen:

1, 2, 3, 4, 5, 6, 7, 8, 9, 10
11, 12, 13, 14, 15, 16, 17, 18, 19, 20
1, 2, 3, 4, 5, 11, 12, 13, 14, 15
6, 7, 8, 9, 10, 16, 17, 18, 19, 20
1, 2, 3, 4, 5, 16, 17, 18, 19, 20
6, 7, 8, 9, 10, 11, 12, 13, 14, 15

Es klappt auch mit der folgenden Aufteilung:

1, 2, 3, 4, 5, 6, 7, 8, 9, 10
11, 12, 13, 14, 15, 16, 17, 18, 19, 20
1, 3, 5, 7, 9, 11, 13, 15, 17, 19

2, 4, 6, 8, 10, 12, 14, 16, 18, 20
1, 3, 5, 7, 9, 12, 14, 16, 18, 20
2, 4, 6, 8, 10, 11, 13, 15, 17, 19

Die Idee dahinter ist, dass man die 20 Personen in vier Fünfergruppen aufteilt – und dann diese vier Gruppen jede gegen jede antreten lässt.

Warum klappt die Kandidatenkür nicht in weniger als sechs Runden? Dies lässt sich relativ leicht beweisen. Jeder Kandidat muss bei mindestens drei Runden dabei sein – also mindestens dreimal auf der Bühne stehen. In zwei Runden kann ein Kandidat nämlich nur mit $2 \times 9 = 18$ anderen Kandidaten auf die Bühne. Es gibt jedoch 19 verschiedene andere Kandidaten. Eine dritte Runde ist daher unausweichlich.

Die Aussage »mindestens drei Runden« gilt nun aber für jede der 20 Personen. Wenn wir die Personen mit ihren Bühnenauftritten multiplizieren, kommen wir auf mindestens $20 \times 3 = 60$. Weil pro Diskussionsrunde immer nur zehn Menschen auf die Bühne gehen, sind insgesamt mindestens sechs Runden erforderlich, um auf die Zahl 60 zu kommen ($6 \times 10 = 60$). Damit ist bewiesen, dass es mit weniger als sechs Runden nicht klappen kann.

Die zwei Beispiele oben zeigen, dass die Kandidatenkür tatsächlich in nur sechs Runden gelingt. Also ist sechs die kleinste Rundenanzahl.

78) Alters-Check im Tanzverein

Es sind 14.

Wir beginnen mit der ersten Liste. Vor den Meiers und Kaisers befinden sich genau sechs Paare, deren Männer jünger sind. Sie sind in der Grafik unten orangefarben dargestellt. In der zweiten Liste, wo die Paare aufsteigend nach dem Alter der Frau sortiert sind, kann sich keines dieser sechs Paare (aus der Männerliste) unter den ersten sechs befinden. Denn sonst wären ja Mann und Frau zusammen jünger als Ehepaar Meier. Und die Meiers könnten Tabelle drei nicht anführen.

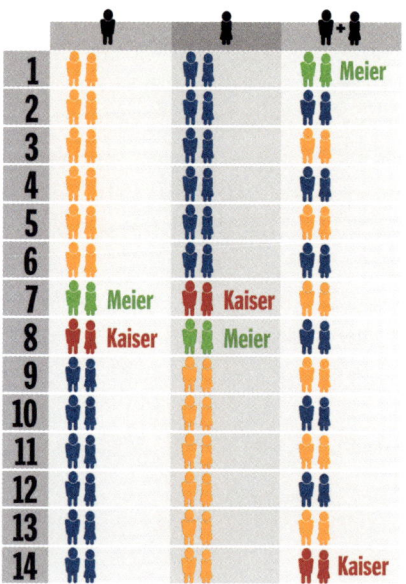

Deshalb müssen die sechs orangefarbenen Paare, die in der Männerliste ganz vorn liegen, in der Frauenliste zwingend hinter den Meiers und Kaisers stehen – also unterhalb von Rang acht. Daraus folgt wiederum, dass auf den Plätzen eins bis sechs der Frauenliste sechs andere Ehepaare stehen – hier blau dargestellt.
Diese blauen Ehepaare wiederum können in Liste eins nur unterhalb von Rang acht auftauchen, weil es ansonsten mindestens ein Ehepaar gäbe, das in Liste drei vor den Meiers stünde.

Wir wissen also schon, dass der Verein mindestens 14 Ehepaare als Mitglieder hat. Aber wie viele sind es genau? Könnten es auch 15 sein?
Angenommen, es gäbe ein 15. Paar. Der Mann dieses Paares dürfte in der Männerliste nicht vor den Meiers und Kaisers stehen, sonst würde er sie von Rang sieben und acht verdrängen.
Dasselbe gilt für die Frau von Paar Nummer 15. Sie müsste unterhalb von Rang acht in Liste zwei stehen, damit die Kaisers und Meiers auf den Plätzen sieben und acht bleiben.
Beim Ehepaar Nummer 15 wären also sowohl Mann als auch Frau älter als bei den Meiers und Kaisers. Deshalb würde das 15. Paar im gemeinsamen Altersranking (Liste drei) hinter den Kaisers landen. Das ist jedoch nicht möglich, weil die Kaisers dort den letzten Platz belegen.
Daher kann es kein 15. Paar geben – und die richtige Antwort lautet 14.

Falls Sie bezweifeln, ob die hier beschriebene Konstellation überhaupt möglich ist: Es geht tatsächlich, wie folgendes Beispiel zeigt: Bei den orangefarbenen Paaren sind die Männer 20 und die Frauen 25. Bei den blauen Paaren sind die Frauen 20 und die Männer 25. Herr Meier ist 21, seine Frau 23. Frau Kaiser ist 22 und ihr Mann 24.

Dann belegen Herr Meier und Frau Kaiser jeweils den Listenplatz sieben, und ihre Partner landen auf Platz acht. Liste drei wird von den Meiers angeführt (21 + 23 = 44 Jahre), dann folgen zwölf Paare mit der Summe von 20 + 25 = 45 Jahren. Und ganz unten liegen die Kaisers mit 22 + 24 = 46 Jahren.

79) Wann war die Schule zu Ende?

Es waren 40 Minuten.

Merles Vater fährt nicht ganz bis zur Schule, sondern kehrt schon ein Stück vorher um, weil die beiden Kinder ihm ja entgegengelaufen sind. Da der Vater 20 Minuten früher zu Hause ist, muss er beim Hin- und Rückweg jeweils 10 Minuten eingespart haben.
In dem Moment, in dem Jules und Merle in das Auto steigen, hätte der Vater noch 10 Minuten fahren müssen, um exakt zum üblichen Unterrichtsende an der Schule anzukommen. Die beiden Kinder sind zu diesem Zeitpunkt schon 30 Minuten unterwegs.
Also muss der Unterricht 10 + 30 = 40 Minuten früher zu Ende gewesen sein.

80) Spieglein, Spieglein an der Wand

Der Spiegel muss halb so hoch sein wie die Königin samt Krone. Eine kleine Skizze hilft dabei, auf die Lösung zu kommen – und auch die Zusatzfragen zu beantworten:

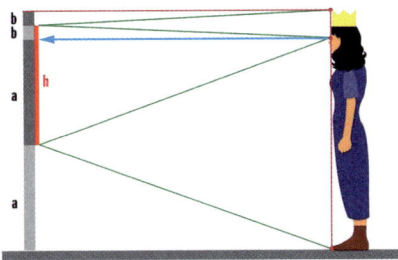

Der Spiegel ist als roter senkrechter Strich gezeichnet.
Wenn die Königin ihre Schuhe im Spiegel sehen kann, treffen Lichtstrahlen auf ihre Augen, die an den Schuhen starten und vom Spiegel reflektiert werden. An einem ebenen Spiegel gilt dabei die Regel: Einfallswinkel der Strahlen ist gleich Ausfallswinkel.
Der tiefste Punkt der Schuhe, der unterste Punkt des Spiegels und die Augen der Königin bilden deshalb ein gleichschenkliges Dreieck. (Wir gehen bei dieser Betrachtung der Einfachheit halber davon aus, dass Schuhspitze und Augen genau senkrecht übereinander liegen.)

Die Höhe a über dem Boden, in der sich die Unterkannte des Spiegels befinden muss, ist deshalb halb so groß wie der senkrechte Abstand zwischen Schuhsohle und Augen.
Damit die Königin die Spitze ihrer Krone sehen kann, muss die Oberkante des Spiegels ein Stückchen oberhalb der Augen liegen. Diese Distanz b entspricht genau der halben senkrechten Strecke zwischen Augen und der höchsten Stelle der Krone.
Rechnet man a und b zusammen, kommt man auf die Höhe des Spiegels: Er muss mindestens halb so hoch sein wie die Königin – Schuhe und Krone inklusive.
Der Spiegel muss in der Höhe a + h über dem Boden hängen.

Der Abstand der Frau zum Spiegel hat übrigens keinen Einfluss auf dessen Mindesthöhe – und auch nicht auf den Abstand des Spiegels über dem Boden. Das liegt daran, dass die Spitzen der gleichschenkligen Dreiecke immer an derselben Stelle bleiben, egal, wie nah die Königin vor dem Spiegel steht.

81) Inselhopping

Die Gesamtflugzeit verlängert sich, wenn der Wind auf einer Strecke von vorn und auf der anderen von hinten bläst. Das überrascht vielleicht den einen oder anderen. Intuitiv könnte man annehmen, dass sich Zeitverlust und Zeitgewinn genau aufheben. Doch das tun sie nicht, wie die folgende Rechnung zeigt.

Der Einfachheit halber nehmen wir an, die Streckenlänge sei 1, die Geschwindigkeit des Flugzeugs a und die des Windes x.
Bei Windstille beträgt die Flugzeit gemäß der Formel

$$\text{Zeit} = \frac{\text{Weg}}{\text{Geschwindigkeit}}$$

für Hin- und Rückflug:

$$\text{Zeit(Flaute)} = \frac{1}{a} + \frac{1}{a}$$

Bei Wind ist die Geschwindigkeit auf dem Hinflug kleiner – nämlich $a-x$. Auf dem Rückflug ist sie hingegen größer – und zwar $a+x$. Die Gesamtflugzeit ist daher:

$$\text{Zeit(Wind)} = \frac{1}{a-x} + \frac{1}{a+x}$$

Wenn wir beide Gleichungen mit dem Faktor k = a(a−x)(a+x) multiplizieren, erhalten wir:

k × Zeit(Flaute) = (a − x)(a + x) + (a − x)(a + x)

= $2a^2 - 2x^2$

k × Zeit(Wind) = a(a + x) + a(a − x)

= $2a^2$

Es gilt also:

k × Zeit(Flaute) < k × Zeit(Wind) beziehungsweise
Zeit(Flaute) < Zeit(Wind)

Damit haben wir bewiesen, dass Wind die Gesamtflugzeit verlängert.

82) Die Tageswanderung

Die Frau ist in den 9 Stunden 36 Kilometer gewandert.
Auf bergauf verlaufenden Abschnitten ist die Frau mit 3 km/h unterwegs. Auf Abschnitten bergab kommt sie auf 6 km/h. Weil die Frau jeden Abschnitt in beide Richtungen geht, können wir für diese Abschnitte die Durchschnittsgeschwindigkeit berechnen.
Wenn t die Laufzeit bergauf ist und t/2 die Laufzeit bergab (die Frau ist bergab ja doppelt so schnell), ist der in der Zeit t + t/2 zurückgelegte Weg t × 3 km/h + t/2 × 6 km/h.
Die Durchschnittsgeschwindigkeit beträgt dann laut der Formel Geschwindigkeit = Weg dividiert durch Zeit

$$v = 6t \, km/h \div \frac{3t}{2} = 4 \, km/h$$

Mit 4 km/h ist die Frau jedoch auch in ebenen Abschnitten unterwegs. Daraus folgt: Die Frau kommt auf allen Streckenabschnitten auf eine Durchschnittsgeschwindigkeit von 4 km/h. Weil sie neun Stunden ununterbrochen unterwegs war, ist sie $4 \times 9 = 36$ km gelaufen.

83) Exaktes Timing

Wir zeichnen ein Weg-Geschwindigkeits-Diagramm – allerdings ein ganz spezielles. Die x-Achse beginnt bei Kilometer 30 und endet bei Kilometer 120. Auf der y-Achse zeichnen wir für jeden Punkt x die Durchschnittsgeschwindigkeit der letzten 30 Kilometer ein.
Der erste Wert, für den wir überhaupt einen y-Wert berechnen können, ist der für Kilometer 30. Dort ist y die Durchschnittsgeschwindigkeit von 0 bis 30 Kilometer.
Der letzte Wert im Diagramm ist jener für Kilometer 120 – also im Ziel. Er entspricht der Durchschnittsgeschwindigkeit der letzten 30 Kilometer – von Kilometer 90 bis Kilometer 120.

Nun kommt der entscheidende Punkt: Die ins Diagramm eingezeichnete Durchschnittsgeschwindigkeit der jeweils letzten 30 Kilometer ist eine stetige Funktion. Das bedeutet: Es ist eine Linie, die im Diagramm keinerlei senkrechte Sprünge nach oben oder unten macht.

Beim Verlauf dieser Funktion sind drei Fälle möglich:

- Die Werte liegen für alle x von 30 bis 120 über 30 km/h.
- Die Werte liegen für alle x von 30 bis 120 unter 30 km/h.
- Die Werte liegen teils unter 30 km/h und teils über 30 km/h.

Die ersten beiden Fälle sind nicht möglich, weil die Radsportlerin dann entweder mehr als vier Stunden oder weniger als vier Stunden für ihre Tour bräuchte.

Bleibt also nur der dritte Fall. Wenn die Funktion der Durchschnittsgeschwindigkeit der jeweils letzten 30 Kilometer aber sowohl oberhalb als auch unterhalb der 30-km/h-Marke liegt, muss sie an mindestens einer Stelle auch bei exakt 30 km/h liegen.

Dieser Punkt liegt irgendwo zwischen den beiden x-Werten, an denen die Durchschnittsgeschwindigkeit der letzten 30 Kilometer mehr beziehungsweise weniger als 30 km/h beträgt. Eine Linie, die einen Punkt oberhalb von 30 km/h mit einem unterhalb von 30 km/h verbindet, muss zwingend die 30-km/h-Linie kreuzen.

84) Harmonie auf dem Navi

Schauen wir uns die Fahrt einfach in umgekehrter Reihenfolge an. Den letzten Kilometer schleicht das Auto mit nur noch 1 km/h über die Straße. Für diesen Kilometer braucht der harmoniesüchtige Fahrer dann eine Stunde. Beim vorletzten Kilometer, der 2 Kilometer vorm Ziel beginnt, sind es 2 km/h, was eine Fahrzeit von 1/2 Stunde ergibt. Beim drittletzten Kilometer (3 km/h) erhält man die Fahrzeit von 1/3 Stunde. Beim viertletzten Kilometer ist es 1/4 Stunde und so weiter bis zum allerersten Kilometer (100 km/h) mit 1/100 Stunde Fahrzeit.

Wir sehen, dass die Fahrzeit in Stunden als Summe von hundert Brüchen geschrieben werden kann:

$$\text{Zeit} = 1 + \frac{1}{2} + \frac{1}{3} + \cdots + \frac{1}{99} + \frac{1}{100}$$

Die Zahlen 1; 1/2; 1/3; 1/4 bezeichnen Mathematiker als harmonische Folge. Summiert man die Zahlen so wie bei der Berechnung der Fahrzeit oben, erhält man eine sogenannte Partialsumme der harmonischen Reihe.

Es gibt übrigens keine allgemeingültige Formel, um diese Summe zu berechnen. Wer mit einer Tabellenkalkulation wie Excel gut umgehen kann, hat das Ergebnis im Nu berechnet: 5,19 Stunden, was rund 5 Stunden und 11 Minuten entspricht.
Es existiert jedoch immerhin eine Näherungsformel für die Partialsumme der harmonischen Reihe. Dabei addiert man den natürlichen Logarithmus der Zahl 100 und die Zahl 0,57721, genannt Euler-Mascheroni-Konstante.
Mit dieser Näherungsformel erhält man als Ergebnis 5,18 Stunden, was sehr nah am tatsächlichen Wert liegt.

85) Wettlauf der Tiere

Der Vorsprung beträgt 280 Meter.

Der Elefant ist bei 800 Metern, wenn die Giraffe bei 1000 Metern ist. Der Elefant läuft deshalb 0,8 Mal so schnell wie die Giraffe. Die Giraffe läuft 0,9 Mal so schnell wie das Pferd.

Aus diesen beiden Angaben folgt: Der Elefant ist $0,8 \times 0,9 = 0,72$ Mal so schnell wie das Pferd. Er ist deshalb bei 720 Metern, wenn das Pferd im Ziel ankommt (1000 Meter). Das ergibt einen Vorsprung vom 280 Metern.

86) Kupfer oder Aluminium?

Wir lassen beide Kugeln zugleich eine schräge Ebene herunterrollen. Die schnellere Kugel ist die aus Aluminium.

Kupfer hat eine höhere Dichte als Aluminium. Deshalb ist die Kupferkugel dünnwandiger als die aus Aluminium. Beide Kugeln sind zwar gleich schwer, doch sie unterscheiden sich in der Masseverteilung. Bei der Kupferkugel ist das Metall im Schnitt weiter weg vom Kugelmittelpunkt entfernt als bei der Kugel aus Aluminium. Deshalb ist das Trägheitsmoment der Kupferkugel auch größer. Man muss mehr Arbeit aufwenden, die Kupferkugel in Rotation zu versetzen als bei der Aluminiumkugel – sofern die Rotationsgeschwindigkeit dieselbe ist. Setzt man beide Kugeln mit identisch großer Arbeit in Bewegung, dreht sich die Aluminiumkugel schneller.

Ein anschauliches Beispiel für diesen Effekt kennen Sie von der Pirouette beim Eiskunstlauf. Eine Eiskunstläuferin kann ihre Masse beim Drehen um sich selbst nicht verändern, jedoch die Masseverteilung. Je näher sie Arme und Beine zur Rotationsachse hält, umso schneller dreht sie sich.

87) Der eifrige Schäferhund

Es sind 241,42 Meter.

Wir zeichnen ein Weg-Zeit-Diagramm, das die Wege des Hundes und der Schafherde abbildet. Die Spitze der Schafherde startet bei s = 100, Alexo hingegen am Nullpunkt. Im Abstand x von Alexos

Startpunkt und zum Zeitpunkt t₁ erreicht der Schäferhund die Spitze der Herde und kehrt um.

Zum Zeitpunkt t₂ trifft er auf die Marke von 100 Metern. Das ist genau der Moment, in dem die Spitze der Herde bei 200 Metern ankommt.

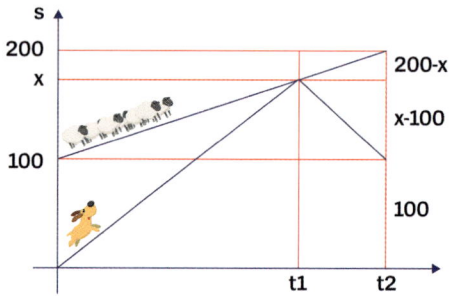

Die Geschwindigkeit der Schafherde bezeichnen wir mit v_S, die des Hundes mit v_H. Dann gilt:

$x = 100 + v_S \times t_1 = v_H \times t_1$

Daraus folgt:

$$\frac{v_H}{v_S} = \frac{x}{x - 100}$$

Nun schauen wir uns die Bewegung von Hund und Schafen an, nachdem Alexo die Spitze der Herde erreicht hat und umkehrt. Es gilt dann:

$$v_S = \frac{200 - x}{t_2 - t_1}$$

$$v_H = \frac{x - 100}{t_2 - t_1}$$

$$\frac{v_H}{v_S} = \frac{x - 100}{200 - x}$$

Wir können die beiden Ergebnisse für v_H/v_S nun gleichsetzen, um x auszurechnen:

$$\frac{x}{x-100} = \frac{x-100}{200-x}$$

$$(x-100)^2 = x \times (200-x)$$

Das ist eine quadratische Gleichung, die nur eine positive Lösung hat, und zwar

$$x = 100 + \sqrt{5000} = 170{,}71 \text{ Meter}$$

Der Gesamtweg, den Alexo zurücklegt, beträgt $x + x - 100$, also:

$$x = 100 + 2 \times \sqrt{5000} = 241{,}42 \text{ Meter}$$

88) Wo die Sonne im Osten untergeht

Wenn man die Sonne im Osten untergehen sehen will, muss man sich schneller von ihr weg bewegen, als sie infolge der Erdrotation selbst am Himmel aufsteigt. Raumschiffe schaffen das auf jeden Fall. Doch es klappt auch an Bord von Flugzeugen.

Entlang des etwa 40.000 Kilometer langen Äquators beispielsweise bewegt sich die Sonne aus unserer Perspektive mit 40.000 km/24 h = 1670 km/h. Ein Flugzeug, das schneller als 1670 km/h genau Richtung Westen unterwegs ist, fliegt deshalb vor der Sonne weg – und irgendwann verschwindet der Feuerball zwangsläufig im Osten hinterm Horizont.
Eine solche Geschwindigkeit ist mit normalen Verkehrsflugzeugen freilich nicht zu schaffen – sie kommen nur auf etwa 1000 km/h.

Nötig wäre ein Überschalljet wie die Concorde (2160 km/h) oder ein Militärflugzeug wie der Jagdbomber Tornado, der in zehn Kilometern Höhe etwa 2400 km/h schnell ist.

Abseits des Äquators klappt das Ganze auch bei niedrigeren Geschwindigkeiten, weil die Sonne hier kürzere Wege in 24 Stunden überstreift. Auf der Höhe von Berlin ist eine Runde um die Erde parallel zum Äquator nur noch etwa 25.000 Kilometer lang. Der Jet müsste dann aber immer noch schneller als 1040 km/h fliegen.

Es gibt sogar noch eine weitere Variante, die ebenfalls ein Flugzeug erfordert. Wenn dieses kurz nach Sonnenaufgang Richtung Westen auf eine Landebahn zufliegt und schnell genug sinkt, könnte die Sonne theoretisch ebenfalls im Osten untergehen.

89) Das perfekt ausbalancierte Karussell

Das Ausbalancieren gelingt nicht, wenn einer oder 23 Fahrgäste mitfahren wollen. Für alle anderen Anzahlen bis 24 ist eine austarierte Verteilung möglich.

Dass es mit einer Person allein nicht klappt, liegt auf der Hand. Und es klappt natürlich auch nicht mit 23 Personen, weil dann ein einzelner Platz unbesetzt bleibt.

Ganz allgemein gilt: Wenn eine austarierte Verteilung für n Fahrgäste existiert, dann gibt es auch eine austarierte Verteilung für 24−n Fahrgäste. Diese erhält man, indem man von einem voll besetzten (und damit austarierten) Karussell n Personen aussteigen lässt – und zwar an den Positionen, an denen n Fahrgäste austariert sitzen.

Außerdem gilt: Sind zwei verschiedene Personenverteilungen über die 24 Sitze ausbalanciert, ist auch die Überlagerung beider Personenverteilungen ausbalanciert. Natürlich unter der Bedingung, dass dabei kein Platz doppelt belegt wird.

All dies nutzen wir nun aus, um zu zeigen, dass alle Verteilungen von 2 bis 22 möglich sind. Wie das genau funktioniert, zeigen die folgenden Bilder:

Für alle geraden Anzahlen von Fahrgästen findet man leicht eine allgemeine Lösung: Wir setzen immer zwei Personen paarweise genau gegenüber aufs Karussell. Eine solche Anordnung ist ausgewogen – und damit auch die Überlagerung von 2 Paaren, also 4 Personen.

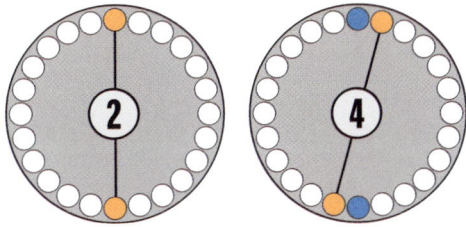

Genauso gelingt die paarweise Platzierung von 6, 8, 10 oder 12 Fahrgästen. Und mit noch mehr, solange die Anzahl der Fahrgäste gerade und kleiner als 25 ist.

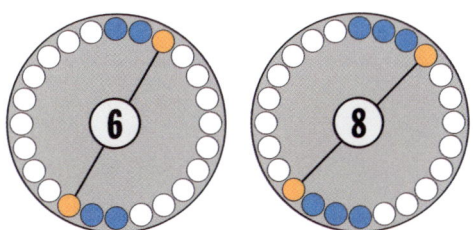

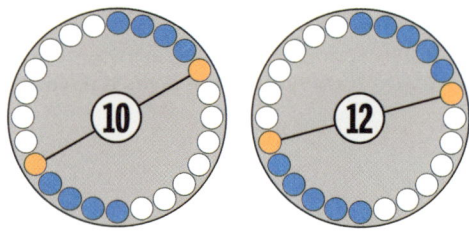

Etwas schwieriger sind ungerade Personenzahlen. Wir lösen das Problem mit einer Anordnung von 3 Personen im regelmäßigen Dreieck. Für 5 Personen kommen dann 2 weitere Personen dazu, die sich genau gegenübersitzen.

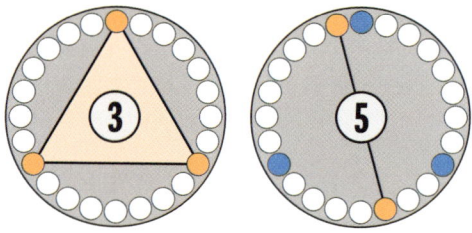

Für 7 austarierte Fahrgäste kommt ein weiteres, sich genau gegenübersitzendes Paar hinzu. Für 9 Passagiere nimmt man 3 Personentrios, die jeweils ein regelmäßiges Dreieck bilden. Die Dreiecke sind jeweils um eine Sitzposition weitergedreht.

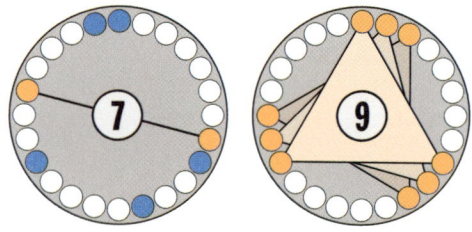

Durch Hinzufügen von 2 weiteren Personen, die sich wieder genau gegenübersitzen, erhält man 11 austarierte Personen. Auch 13 Fahrgäste lassen sich so verteilen – siehe Abbildung unten rechts.

Für einen Beweis, dass die Verteilung mit allen ungeraden Zahlen von 3 bis 21 klappt, wäre die Zeichnung mit 13 Personen gar nicht nötig gewesen. Denn wenn es Anordnungen für 3, 5, 7, 9 und 11 gibt, muss es auch welche für 24–3, 24–5, 24–7, 24–9 und 24–11 geben, also 13, 15, 17, 19 und 21.

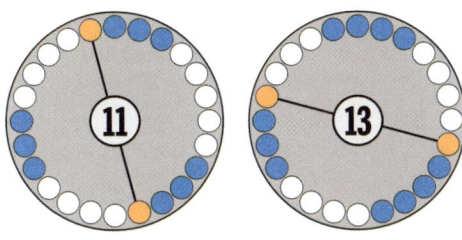

Das Problem des ausbalancierten Karussells mag im ersten Moment konstruiert erscheinen – praktische Relevanz hat es aber in Zentrifugen, die in Labors mit Proben bestückt werden. Die Zentrifuge sollte dabei unbedingt ausbalanciert sein, damit sie keinen Schaden nimmt.

90) Eine Münze – drei Treffer

Maja wählt die Sequenz Kopf-Zahl-Zahl und gewinnt das Spiel mit einer Wahrscheinlichkeit von 7/8. Sie verliert nur dann, wenn bei den ersten drei Würfen dreimal Zahl fällt. Die Wahrscheinlichkeit dafür ist
$\left(\frac{1}{2}\right)^3 = \frac{1}{8}$.

Wenn die beiden immer wieder die Münze werfen und das Ergebnis notieren, entsteht eine Folge aus den beiden Möglichkeiten Kopf oder Zahl – zum Beispiel bei fünf Würfen die Folge Kopf-Zahl-Kopf-Kopf-Zahl. Wir suchen nun in dieser – theoretisch unendlichen – Folge die Stelle, an der zum ersten Mal die Sequenz Zahl-Zahl-Zahl auftaucht.

Wenn dies gleich zu Beginn der Folge passiert ist, hat Max gewonnen. Die Wahrscheinlichkeit dafür entspricht der Wahrscheinlichkeit für dreimal Zahl hintereinander und ist
$\left(\frac{1}{2}\right)^3 = \frac{1}{8}$.

Die erstmals auftauchende Folge aus dreimal Zahl wird jedoch in der Regel nicht am Beginn der Folge liegen, sondern an Positionen weiter hinten. Wir gehen zu dieser erstmals in der Folge auftretenden Sequenz Zahl-Zahl-Zahl und schauen auf das Ergebnis des Münzwurfs unmittelbar davor. Dieses muss zwingend Kopf sein. Deshalb wählt Maja auch Kopf-Zahl-Zahl.

Denn wäre vor dreimal Zahl noch einmal Zahl, hätten wir ja gar nicht die zuerst auftretende Sequenz Zahl-Zahl-Zahl gewählt, denn vor Zahl-Zahl-Zahl stünde noch einmal Zahl. Es gäbe also eine Sequenz aus viermal Zahl, die einen Wurf vor der Sequenz aus dreimal Zahl beginnt. Und damit eine Sequenz aus dreimal Zahl, die einen Wurf vor der Sequenz aus dreimal Zahl beginnt.

Das kann jedoch nicht sein, weil wir ja die erstmals in der Folge auftretende Sequenz aus dreimal Zahl gewählt haben.

Damit steht fest: Entweder beginnt die Folge mit dreimal Zahl und Max gewinnt. Oder aber die Sequenz aus dreimal Zahl taucht weiter hinten in der Folge erstmals auf – und dann steht zwingend an der Position davor in der Folge das Ergebnis Kopf.

Die Sequenz ab dieser Position lautet dann Kopf-Zahl-Zahl-Zahl – und damit gewinnt Maja auf jeden Fall. Denn ihre Sequenz lautet Kopf-Zahl-Zahl.

Die Wahrscheinlichkeit für dreimal Zahl zu Beginn ist 1/8. Deshalb beträgt die Wahrscheinlichkeit für einen Sieg von Maja

$1 - \frac{1}{8} = \frac{7}{8}$.

Übrigens gewinnt Maja das Spiel in vielen Fällen schneller als oben beschrieben, weil ihre Sequenz meist schon früher in der Folge auftritt. Wir müssen in der Folge nämlich nur nach der erstmals auftauchenden Sequenz Zahl-Zahl suchen.

Unmittelbar davor muss Kopf sein – außer die Münzfolge beginnt mit Zahl-Zahl.

91) Verflixte Stifte

Bei sechs Stiften kann man diese in zwei Ebenen zu je drei Stiften anordnen. Wichtig ist, dass sich die drei Objekte in einer Ebene auch sämtlich gegenseitig berühren – siehe folgende Abbildung.

Man mag es kaum glauben, aber es existiert tatsächlich auch eine Lösung für sieben Bleistifte:

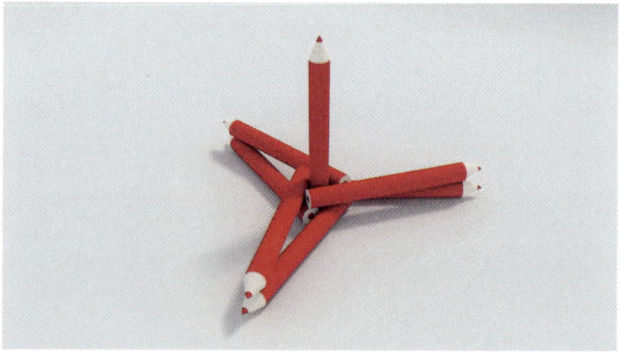

Ein Stift steht senkrecht und die sechs übrigen Stifte sind zu dritt in zwei Ebenen um den stehenden Stift angeordnet. Nimmt man den Stift in der Mitte heraus, erhält man übrigens eine weitere Lösung für sechs Stifte.

Als der Rätselerfinder Martin Gardner diese Knobelei einst seinen Lesern stellte, wusste er nicht, dass es auch eine Lösung für sieben Bleistifte gibt. Aber es gab findige Leser, die ihn darauf aufmerksam machten.

92) Wo ist die Prinzessin?

Die Prinzessin ist auf der Insel. Aber der König hat sie nicht gesehen.

Wir müssen die verschiedenen möglichen Fälle einzeln untersuchen, um herauszufinden, welche davon infrage kommen. Es sind genau drei Fälle möglich:

a) Die Prinzessin ist auf der Insel und der König hat sie gesehen.
b) Die Prinzessin ist auf der Insel und der König hat sie nicht gesehen.
c) Die Prinzessin ist nicht auf der Insel und der König hat sie nicht gesehen.

Wir schauen uns für alle drei Fälle an, wie ein Lügner (L) und ein stets die Wahrheit Sagender (W) auf die Fragen 1) und 2) antworten würden.

a) Prinzessin ist da, König hat sie gesehen

L: Nein, Nein
W: Ja, Ja

b) Prinzessin da, König hat sie nicht gesehen
L: Nein, Ja
W: Ja, Nein

c) Prinzessin nicht da, König hat sie nicht gesehen

L: Ja, Ja
W: Nein, Nein

Offensichtlich hat der König weder Ja, Ja noch Nein, Nein geantwortet, denn bei diesen Antworten sind die Fälle a) und c) möglich und damit wäre nicht klar, ob die Prinzessin auf der Insel ist oder nicht. Der Prinz kann aus diesen Antworten nicht ableiten, was Sache ist.

Bei den Antworten Nein, Ja und Ja, Nein hingegen muss die Prinzessin auf der Insel sein, denn diese sind nur im Fall b) möglich. Weil der Prinz nach den zwei Antworten Bescheid weiß, kann es sich nur um den Fall b) handeln.

93) Ohne Bordkarte ins Flugzeug

Die gesuchte Wahrscheinlichkeit beträgt 1/2 oder 50 Prozent.

Um das Problem besser zu verstehen, sortieren wir die Sitze im Flugzeug gedanklich so um, dass der Mann ganz vorn (ohne Bordkarte) eigentlich auf Sitz eins sitzen müsste. Die zweite Person hat Sitz zwei, die dritte Person Sitz drei und so weiter bis zur Person 100, welche die Bordkarte für Sitz 100 hat. Was passiert, wenn sich der Mann ganz vorn in der Schlange zufällig einen der 100 Plätze aussucht?

Er könnte zufällig Sitz eins wählen, wo er eigentlich sitzen sollte. In diesem Fall gäbe es keine Probleme. Alle folgenden 99 Passagiere könnten den richtigen Platz einnehmen – auch Passagier Nummer 100.

Mit der gleichen Wahrscheinlichkeit könnte der Mann ohne Bordkarte aber auch auf Sitz 100 landen. In diesem Fall stünde bereits fest, dass der letzte Passagier aus der Schlange nicht auf dem Sitz Platz nehmen kann, der auf seiner Bordkarte steht.

Aber das ist noch nicht alles. Der Mann kann sich auch auf einen Platz von 2 bis 99 setzen. Nehmen wir beispielsweise an, der Mann wählt Sitz 51. Dann können sich zunächst erst einmal die Passagiere 2 bis 50 auf den richtigen Platz setzen. Passagier 51 jedoch muss sich einen anderen Platz suchen, denn Sitz 51 ist ja bereits von dem Mann ohne Bordkarte okkupiert.

Passagier 51 ginge es ganz ähnlich wie dem Mann ganz vorn in der Schlange, also Passagier Nummer eins. Er kann mit gleich großer Wahrscheinlichkeit auf den Plätzen 1 oder 100 landen. Im ersten Fall bekommen alle nachfolgenden Personen nach ihm den passenden Platz (auch Passagier 100), im zweiten Fall hat Passagier 100 das Nachsehen.

Oder Passagier 51 wählt einen der übrigen Plätze, in diesem Fall also von 52 bis 99. Er würde dann auf dem Platz eines der Passagiere sitzen, die in der Schlange hinter ihm stehen. Dieser Fluggast müsste dann wiederum einen Platz für sich suchen – genau wie Passagier eins und Passagier 51 bereits zuvor.

Diese Überlegungen zeigen, dass es letztlich nur auf die Belegung der Plätze 1 und 100 ankommt. Sobald ein Gast einen dieser beiden Plätze zufällig gewählt hat, ist der Ausgang der Geschichte entschieden. Ist es Platz eins, sitzt Passagier 100 richtig. Ist es Platz 100, klappt das nicht mehr. Wie oft Passagiere während des Einsteigens auf Plätzen sitzen, die gar nicht ihre sind, ist vollkommen egal – solange weder Platz eins noch Platz 100 betroffen ist.

Wie ist die Situation, wenn Passagier 100 die Maschine betritt? Es gibt dann nur zwei Optionen: Entweder ist Platz eins noch frei oder Platz 100. Auf den Sitzen mit den Nummern 2 bis 99 sitzt entweder der Besitzer der jeweiligen Bordkarte oder aber ein anderer Passagier, dessen Platz belegt war.

Weil keiner der beiden Sitze 1 und 100 während der Platzauswahl bevorzugt wird, sondern Betroffene immer eine zufällige Wahl treffen, beträgt die Wahrscheinlichkeit jeweils 50 Prozent, dass Platz eins beziehungsweise Platz 100 noch frei ist.

Hinweis: Dieses Problem ähnelt der Aufgabe 74 (siehe Seite 88), bei der ein Zwerg sich ein freies Bett sucht. Der entscheidende Unterschied zum Fluggast-Problem ist, dass der Zwerg zufällig das Bett eines anderen Zwerges auswählt, jedoch auf keinen Fall sein eigenes. Der Fluggast hingegen setzt sich auf einen zufällig gewählten Platz, der auch der ihm ursprünglich zugewiesene sein könnte.

94) Wo steckt der verschollene Abenteurer?

Er ist wenige Kilometer vom Südpol entfernt. Den genauen Standort des Abenteurers kennen wir nicht, er kann überall sein im Bereich zwischen 5,0 und 5,8 Kilometern Abstand vom Südpol.

Die Erklärung: Der Abenteurer ist erst fünf Kilometer nach Süden gelaufen und dann zum Beispiel auf einem Kreis mit einem Umfang von fünf Kilometern um den Südpol herum. Dieser Kreis hat einen Radius von $5/2 \times \pi = 0{,}8$ Kilometern.

Der Verschollene ist den Kreis einmal vollständig abgelaufen, steht also nach den fünf Kilometern Richtung Westen genau an derselben

Stelle, an der er zuvor Richtung Westen gestartet ist. Wenn er dann fünf Kilometer nach Norden läuft, kommt er zum ursprünglichen Startpunkt zurück – siehe folgende Skizze:

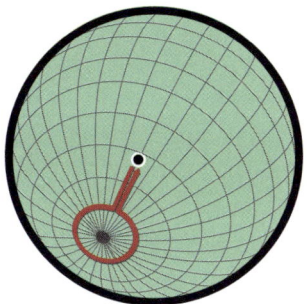

Der Kreis kann aber auch kleiner sein – sogar beliebig klein. Wichtig ist nur, dass ein ganzzahliges Vielfaches seines Umfangs genau fünf Kilometer ergibt.

Ein Beispiel: Der Radius beträgt nur ein Zehntel des oben genannten Werts, also 0,08 Kilometer. Auch auf diesem Kreis kann der Abenteurer fünf Kilometer nach Westen laufen, was exakt zehn Runden um den Südpol entspricht.

95) Die fantastischen Vieren

Es gibt Quadratzahlen mit höchstens drei Vieren am Ende. Viermal die Ziffer 4 oder noch größere Anzahlen sind nicht möglich.

Wie beweist man, dass eine Quadratzahl höchstens drei Vieren am Ende haben kann? Es sind unterschiedliche Wege möglich. Meiner geht wie folgt: Ich schaue mir an, auf welche Ziffern die Ausgangszahl enden muss, damit ihr Quadrat auf 4, 44, 444 und so weiter endet. Bei 44 kommt man für die letzten beiden Stellen auf 12, 62, 38 oder 88.

Sollen die letzten drei Ziffern der Quadratzahl 444 sein, muss die Ausgangszahl auf 462, 962, 038 oder 538 enden. Die Suche nach Quadratzahlen mit vier Vieren am Ende bleibt jedoch ohne Erfolg.

Mithilfe der binomischen Formel $(x+y)^2 = x^2 + 2xy + y^2$ kann man nämlich zeigen, dass die Quadratzahl

$(1000a+b)^2 = 1.000.000a^2 + 1000 \times 2ab + b^2$

zwar auf drei Vieren endet, sofern b eine der vier Zahlen 462, 962, 038 oder 538 ist, dass es jedoch keine natürlichen Zahlen a und b gibt, sodass die Quadratzahl auf 4444 endet. Man untersucht dazu die vier möglichen Zahlen für b einzeln, was leider etwas umständlich ist.

Es gibt allerdings deutlich elegantere Beweise, die mit nur wenigen Zeilen auskommen. Zum Beispiel den folgenden, den der Leser Martin Nunnemann vorgeschlagen hat:

$38 \times 38 = 1444$ – also gibt es eine Quadratzahl, die auf 444 endet.

Gibt es Quadratzahlen, die auf 4444 enden? Diese müssten sich aus der Quadratur einer geraden Zahl ergeben. Gerade Zahlen g kann man wie folgt darstellen:

$g = 4i$ oder $g = 4i + 2$ $(i = 0, 1, 2, 3, \ldots)$

Die Quadrate sind dann:

$(4i)^2 + = 16i^2$ oder $(4i+2)^2 = 16i^2 + 16i + 4$

Beim Teilen dieser beiden Quadrate durch 16 erhalten wir den Rest 0 oder den Rest 4. Da 10.000 = 625 × 16 ist, entscheiden allein die letzten vier Stellen einer Zahl, welchen Rest sie bei Division durch 16 lässt.

4444 dividiert durch 16 ergibt den Rest 12. Das Quadrat einer geraden Zahl hat jedoch den Rest 0 oder den Rest 4, wie wir oben gezeigt haben. Deshalb gibt es keine Quadratzahl, die auf 4444 endet.

96) Die dreieckige Zielscheibe

Für die Lösung benutzen wir das sogenannte Schubfachprinzip. Wir teilen das gleichseitige Dreieck mit zehn Zentimetern Seitenlänge in vier gleichseitige Dreiecke auf, deren Seiten je fünf Zentimeter lang sind – siehe folgende Skizze.

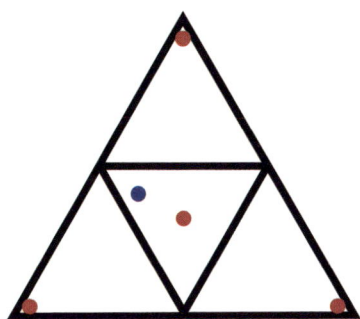

Weil es insgesamt fünf Treffer gibt, die sich über vier Dreiecke verteilen, muss eines der Dreiecke mindestens zweimal getroffen worden sein. Da zwei Punkte auf einer Dreiecksfläche maximal fünf Zentimeter voneinander entfernt sein können (die Seitenlänge beträgt ja fünf Zentimeter!), haben wir die beiden gesuchten Treffer gefunden.

97) Kinder vergleichen ihre Namen

Wir schauen uns zunächst an, was die an die Tafel geschriebenen Zahlen bedeuten. Dort steht auf jeden Fall eine 10. Das heißt, ein Schüler hat 10 Mitschüler, die den gleichen Vor- oder Nachnamen tragen. Also gibt es 11 Schüler mit diesem Vor- oder Nachnamen. Jeder der 11 Schüler hat eine 10 an die Tafel geschrieben. Also steht dort auf jeden Fall 11-mal eine 10.

Analog gilt: Die Zahl 9 muss auf jeden Fall 10-mal an der Tafel stehen, denn es gibt 10 Schüler, die eine 9 notiert haben.
Die 8 taucht 9-mal auf, die 7 mindestens 8-mal und so weiter bis zur 1, die mindestens 2-mal an der Tafel steht und schließlich die 0, die mindestens 1-mal aufgeschrieben wurde.
An der Tafel stehen deshalb mindestens

$11 + 10 + 9 + 8 + \ldots + 2 + 1 = 11 \times 12/2 = 66$ Zahlen.

Weil wir aber wissen, dass dort genau 66 Zahlen stehen (es sind ja nur 33 Schüler), folgt daraus, dass wir die 66 Zahlen bereits kennen: Es gibt genau eine 0 an der Tafel, 2-mal die 1, 3-mal die 2 und so weiter bis zu 11-mal die 10.
Wir wissen allerdings nicht, ob die 11 gleichen Namen sich auf Vor- oder Nachnamen beziehen. Beides ist möglich – und das gilt für alle Anzahlen von 1 bis 11.

Wir nehmen an, von den 11 verschiedenen Anzahlen (von 1 bis 11) beziehen sich n auf Vornamen und $11-n$ auf Nachnamen. Dann gibt es in der Klasse n verschiedene Vornamen und $11-n$ verschiedene Nachnamen.
Es sind deshalb $n \times (11-n)$ verschiedene Kombinationen aus Vor-

und Nachname möglich. Weil n zwischen 0 und 11 liegt, kann das Produkt maximal einen Wert von 30 haben (n = 5 oder n = 6).

Weil die Klasse aber 33 Schüler hat, muss es mindestens drei Schüler geben, bei denen Vor- und Nachname identisch sind.

98) Das Geschwister-Problem

Die Wahrscheinlichkeit dafür, dass Martina zwei Söhne hat, beträgt 1/3. Bei Stefanie kommt überraschenderweise ein anderes Ergebnis heraus – nämlich 13/27.

Zunächst die Erklärung für Martina: Man könnte glauben, die Wahrscheinlichkeit liege bei 1/2. Und das würde sogar stimmen, sofern wir zum Beispiel wissen, dass das ältere Kind ein Junge ist. Das jüngere Kind wäre dann mit einer Wahrscheinlichkeit von je 50 Prozent männlich oder weiblich.
Doch wir wissen nicht, ob der Sohn von Martina (falls sie nur einen hat) das ältere oder das jüngere Kind ist. Wir wissen nur, dass sie mindestens einen Sohn hat. Also sind beide Fälle denkbar (jünger und älter) – und wir müssen uns beide anschauen.

Bei zwei Kindern sind die folgenden vier Geschlechterverteilungen möglich, die alle gleichwahrscheinlich sind. Das erstgenannte Kind soll das ältere sein:

– Junge, Junge
– Junge, Mädchen
– Mädchen, Junge
– Mädchen, Mädchen

Der Fall vier (Mädchen, Mädchen) entfällt, weil wir ja wissen, dass Martina mindestens einen Sohn hat. Es bleiben drei Fälle übrig, die gleich wahrscheinlich sind. Aber nur im Fall eins (Junge, Junge) gibt es zwei Brüder – die Wahrscheinlichkeit ist deshalb 1/3!

Komplizierter wird es im Fall Stefanie. Es handelt sich dabei um das »Boy or Girl Paradox«, für das sogar ein eigener Wikipedia-Eintrag existiert und über das einige wissenschaftliche Artikel publiziert wurden, etwa von Tanya Khovanova oder von Julie Rehmeyer. Die hier von mir angegebene Lösung 13/27 stimmt nur unter bestimmten Voraussetzungen. Entscheidend ist, auf welchem Weg wir an die Informationen über die Kinder von Stefanie gekommen sind.

Das Ergebnis lautet nur dann 13/27, wenn wir eine Mutter von zwei Kindern zufällig auswählen und fragen: »Hast du mindestens einen Sohn, der an einem Dienstag geboren wurde?« Und wenn die Antwort darauf »Ja« lautet.

Hier die Analyse: Das ältere Kind kann ein Mädchen oder Junge sein, das jüngere ebenfalls (solange nicht beide zugleich Mädchen sind). Zudem ist jedes der Kinder an einem der sieben Wochentage geboren, mit jeweils gleich großer Wahrscheinlichkeit.

Folgende Tabelle listet alle möglichen Fälle für zwei Kinder und sieben Wochentage auf, an denen sie geboren sein können. Oben stehen die Eigenschaften des älteren Kindes – es gibt dabei 14 verschiedene Möglichkeiten wie Junge-Montag oder Mädchen-Freitag. Links sind die 14 Möglichkeiten für das zweite, jüngere Kind. Ohne jegliches Vorwissen gäbe es $14 \times 14 = 196$ verschiedene Kombinationen für zwei Geschwisterkinder.

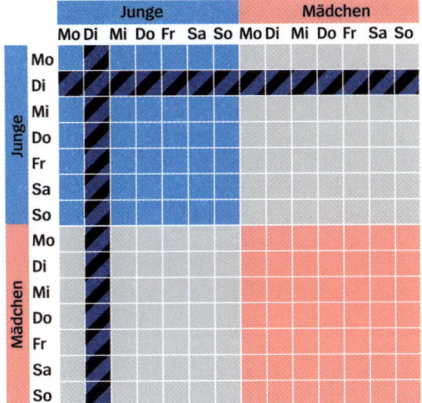

Weil wir jedoch wissen, dass ein Kind ein Junge ist, der an einem Dienstag geboren wurde, ergeben sich nur $13+14=27$ verschiedene Varianten. Diese 27 Kästchen sind in der Tabelle schraffiert.

Jede dieser 27 Kombinationen erfüllt die Bedingungen der Aufgabe. Alle 27 sind gleich wahrscheinlich. Aber nur $6+7=13$ davon sind Fälle, in denen beide Kinder Jungen sind, diese befinden sich im blauen Segment links oben. Deshalb beträgt die gesuchte Wahrscheinlichkeit nicht 1/3, sondern 13/27.

Anders ist die Situation, wenn wir die Fragen an Stefanie wie folgt formulieren: »Hast du mindestens einen Sohn?«

Antwortet sie mit »Ja«, bitten wir sie, den Geburtstag des Jungen zu nennen. Falls sie zwei Söhne hat, soll sie den Geburtstag eines Sohnes nennen, den sie zufällig ausgewählt hat.

Wenn Stefanie als Antwort Dienstag angegeben hat, ist die Wahrscheinlichkeit für zwei Söhne 1/3 – wie bei Martina.

Es kann als Ergebnis jedoch auch 1/2 herauskommen. Nämlich dann, wenn wir Stefanie folgende Frage stellen: »Wähle zufällig eines deiner beiden Kinder aus: Ist es ein Junge, der an einem Dienstag geboren wurde?« Wenn sie mit »Ja« antwortet, dann ist die Wahrscheinlichkeit für zwei Söhne gleich 1/2.

99) Teile und herrsche

Der einstige König kommt auf einen Maximallohn von sieben Goldtalern. Hat er statt neun 999 Mitbürger, kann er sich einen Lohn von 997 Talern sichern.

Damit die Umverteilung überhaupt gelingt, muss der König seinen eigenen Lohn zuallererst auf null setzen. Bei der Umverteilung, die in mehreren Schritten geschieht, gehen die Taler an immer weniger Personen – immer mehr haben dann einen Lohn von null.
In jedem Schritt werden die Taler nicht der Hälfte der bisherigen Lohnempfänger weggenommen, sondern einer Person weniger. Die frei werdenden Taler gehen dann an die übrigen bisherigen Lohnempfänger, die mindestens eine Person mehr sind als jene Lohnempfänger, die ihren Lohn komplett einbüßen. Deshalb gibt es stets eine Mehrheit für die Umverteilung.
Wie das Ganze mit neun funktioniert, zeigen folgende Bilder:

Ausgangssituation: Neun Personen und der ehemalige König bekommen einen Monatslohn von je einem Taler.

Schritt 1: Der Ex-König und vier Mitbürger geben ihren Lohn ab an die fünf anderen Mitbürger. Fünf bekommen mehr Lohn, vier erhalten weniger. Die Umverteilung hat eine Mehrheit von 5:4, denn der König darf nicht mit abstimmen.

Schritt 2: Zwei Mitbürger geben ihre zusammen vier Taler an die drei anderen Mitbürger, die bereits je zwei Taler bekommen. Auch diese Umverteilung hat eine Mehrheit (3:2).

Schritt 3: Einer der drei Mitbürger, die noch Lohn bekommen, gibt sämtliche Münzen an die beiden anderen Lohnempfänger. Dafür gibt es eine Mehrheit von 2:1. Nun bekommen zwei Personen je fünf Taler.

Letzter Schritt: Die beiden Lohnempfänger verlieren alle ihre Taler. Sieben gehen an den König und drei an drei andere Mitbürger, die bis dahin einen Lohn von null hatten. Die Umverteilung hat eine Mehrheit von 3:2 Stimmen.

Es ist nicht möglich, dass eine Person allein alle zehn Taler als Lohn bekommt. Denn bei einer Umverteilung, die zu dieser Konstellation führen würde, wäre diese eine Person die einzige, die eine Lohnsteigerung bekäme.
Weil aber zugleich mindestens eine andere Person weniger Lohn erhielte (deren Geld an den Alleinempfänger ginge), kann es für diese Lohnumverteilung keine Mehrheit geben. Sie ist deshalb ausgeschlossen. Daraus folgt: Die Taler müssen über mindestens zwei ehemalige Untergebene verteilt sein.

Zur Zusatzfrage: Gehen wir vom allgemeinen Fall aus, dass Ex-König plus ehemalige Untergebene zusammen n Personen sind, also jeden Monat n Taler ausgezahlt werden.
Wenn die n Taler nach diversen Umverteilungen an nur noch zwei Personen ausgezahlt werden, kann sich der Ex-König einen Lohn von höchstens n−3 Talern sichern. Dazu werden den beiden Lohnempfängern alle n Taler weggenommen.
Drei Taler gehen an drei andere Lohnempfänger, die zuvor einen Lohn von null hatten. Diese drei stimmen deshalb der neuen Lohnverteilung zu. Die beiden Personen, die zuvor zusammen alle n Taler bekommen haben, stimmen dagegen, bekommen aber keine Mehrheit. So bleiben n−3 Taler für den König.

100) Zwölf Kugeln und eine Waage

Wir legen vier Kugeln in die linke Waagschale und vier in die rechte. Die Waage kann sich im Gleichgewicht befinden oder nicht. Wir müssen diese beiden Fälle einzeln betrachten:

Fall 1: Die Waage ist nicht im Gleichgewicht. Dann muss die gesuchte Kugel eine der acht sein, die auf der Waage liegen.
Nehmen wir an, die linken vier Kugeln sind zusammen schwerer als die vier rechts.
Wir nehmen dann drei der vier Kugeln rechts von der Waage, legen sie daneben (merken uns die drei Kugeln und die auf der Waage verbleibende Kugel!) und ersetzen sie durch drei der vier Kugeln, die bei der ersten Wägung in der linken Schale lagen (auch hier merken wir uns die links auf der Waage verbleibende Kugel). In die Schale links legen wir dann drei der vier Kugeln, die bei der ersten Wägung nicht dabei waren. Wir wissen, dass diese drei Kugeln keine abweichende Masse haben können.

Jetzt sind drei Fälle möglich:

Fall 1.1: Die linke Seite der Waage ist schwerer.
Entweder ist die links verbliebene Kugel die gesuchte (und schwerer als die übrigen elf). Oder aber die rechts verbliebene Kugel ist die gesuchte und leichter als alle anderen. Welcher dieser beiden Fälle zutrifft, finden wir in einer dritten Wägung heraus, in der wir diese beiden Kugeln miteinander vergleichen.

Fall 1.2: Die Waage befindet sich im Gleichgewicht.
Dann muss die Kugel mit abweichender Masse eine der drei sein, die bei der ersten Wägung in der rechten Schale lagen. Weil die

linke Seite dabei die schwerere war, steht auch fest, dass die gesuchte Kugel leichter ist als die übrigen. In der dritten Wägung nehmen wir zwei dieser drei Kugeln und legen sie in die leeren Waagschalen links und rechts. Ist eine der Kugeln leichter, handelt es sich um die gesuchte. Sind sie gleich schwer, ist die dritte Kugel die gesuchte.

Fall 1.3: Die rechte Seite der Waage ist schwerer.
Dann muss eine der drei Kugeln, die bei der ersten Wägung in der linken Schale lag, die gesuchte sein. Wir wissen dann außerdem, dass diese eine Kugel schwerer ist als die übrigen elf. Wir finden sie, indem wir zwei der drei Kugeln in einer dritten Wägung miteinander vergleichen. Ist eine schwerer, ist sie die gesuchte. Sind sie gleich schwer, ist Kugel Nummer drei die gesuchte.

Fall 2: Die Waage ist bei der ersten Wägung im Gleichgewicht.

Dann muss sich die gesuchte Kugel unter den vier Kugeln befinden, die bei der ersten Wägung nicht dabei waren. Wir legen drei dieser vier Kugeln in die leere linke Waagschale, in der rechten Schale liegen drei der acht Kugeln aus Wägung eins, von denen keine die gesuchte sein kann. Es sind drei Fälle möglich:

Fall 2.1: Die linke Seite ist schwerer.
Die gesuchte Kugel ist eine der drei links und sie ist schwerer als die elf anderen. Durch den Vergleich von zwei der drei Kugeln links miteinander finden wir die gesuchte Kugel in einer dritten Wägung – siehe die ähnlichen Fälle oben.

Fall 2.2: Die rechte Seite ist schwerer.
Die gesuchte Kugel ist dann ebenfalls eine der drei links und sie ist leichter als die elf anderen. Durch den Vergleich von zwei der drei

Kugeln links miteinander finden wir die gesuchte Kugel in einer dritten Wägung.

Fall 2.3: Die Waage ist bei der zweiten Wägung im Gleichgewicht. Die gesuchte Kugel ist dann jene, die bislang weder bei Wägung eins noch bei Wägung zwei in einer Waagschale lag. Wir vergleichen sie in der dritten Wägung mit einer beliebigen anderen Kugel, um herauszufinden, ob sie schwerer oder leichter ist.

Quellen

Seit Oktober 2014 veröffentliche ich an jedem Wochenende auf spiegel.de das »Rätsel der Woche«. Nur in wenigen Fällen habe ich ein Rätsel komplett selbst erfunden. Ich wähle vielmehr aus, adaptiere, vereinfache mitunter auch. Das wichtigste Kriterium dabei ist, dass eine Knobelei möglichst schön sein soll. Für mich heißt das: Das Problem darf keine lange Beschreibung erfordern und nicht nach Schema F lösbar sein. Im Idealfall gibt es eine elegante, kurze Lösung, bei der man sich hinterher fragt: Das ist so einfach, warum bin ich da nicht selbst darauf gekommen?

Die Ideen für meine Rätsel finde ich häufig im Internet. Es gibt Dutzende Seiten, auf denen Aufgaben gesammelt sind. Eine gute Inspirationsquelle dabei sind die Archive von Mathematikolympiaden oder vom Känguruwettbewerb. Zudem haben Leser mir immer wieder interessante Vorschläge geschickt.

Viele der Aufgaben kenne ich aus diversen Büchern, etwa von Samuel Loyd, Martin Gardner, Peter Winkler oder Heinrich Hemme. Oft lässt sich der Ursprung eines Rätsels nicht ausfindig machen. Sie sind wie gute Witze: Man erzählt sie immer weiter. Daher bitte ich um Entschuldigung, falls eine der folgenden Quellenangaben nicht stimmt. Ich habe immer die mir bekannte Quelle angegeben.

Albrecht Beutelspacher, Marcus Wagner: »Warum Kühe gern im Halbkreis kreisen« (72, 83)
Alex Bellos, Monday Puzzle im Guardian (46)
Aristoteles: Mechanica (51)
Bundeswettbewerb Mathematik (34, 97)
denksport-raetsel.de (4, 63)
Dierk Schleicher, Mathematiker (94)
Frank Timphus, Leser (89)
Hanns Hermann Lagemann, Trainer für Mathematik-Wettbewerbe (6)
Hans-Ulrich Mährlen, Leser (69)
Heinrich Hemme: »Das Ei des Kolumbus« (50, 59, 66)
Heinrich Hemme: »Das große Buch der mathematischen Rätsel« (78)
hirnwindungen.de (40)
Ivan Morris: »99 neunmalkluge Denkspiele« (43)
janko.at (76)
Jiri Sedlacek: »Keine Angst vor Mathematik« (67)
Johannes Wissing, Leser (87)
Jurij B. Tschernjak, Robert M. Rose: »Die Hühnchen von Minsk« (86, 22)
Karsten Fiedler, Leser (100)
Leonard Euler (27)
logisch-gedacht.de (45)
Martin Gardner (18, 20, 23, 71, 91)
Mathematik-Olympiaden e.V. (9, 28, 29, 30, 32, 95)
mathematik.ch (62, 85)
Mathematikum Gießen (90)
Mathewettbewerb Känguru (7, 31, 52, 56)
Matthias Kalbe, Leser (84)
Peter Friedrich Catel, Berliner Spielzeughändler (47)
Peter Winkler: »Mathematische Rätsel für Liebhaber« (13, 93, 99)
Peter Winkler: »Noch mehr mathematische Rätsel für Liebhaber« (75)
Raymond Smullyan: »Satan, Cantor und die Unendlichkeit« (35, 37, 42, 44, 92)
Richard Zehl: »Denken mit Spaß/Denken mit Spaß 2« (17, 73, 88)
Sam Loyd (14, 21, 64)

Suso Kraut, Leser, riddleministry.com (19)
The Riddler, Rätselsammlung auf fivethirtyeight.com (74, 77)
Varsity Math, Rätselsammlung des National Museum of Mathematics (36, 68)
Wladimir Ljuschin: »Fregattenkapitän Eins« (65)

Rechnen Sie mit einer Unbekannten!

Holger Dambeck präsentiert seine persönliche Sammlung der 100 schönsten Logik- und Zahlenrätsel. Das Spannende an einem gelungenen Rätsel ist, dass es keine offensichtliche Lösung gibt. Knobeln Sie also los – und freuen sich auf die Archimedes-Momente: »Heureka – ich hab's gefunden.«

»Holger Dambeck bringt dem Leser nahe, dass Mathematik eine kreative, geradezu künstlerische Tätigkeit ist.« *Spektrum der Wissenschaft*

Leseproben und mehr unter www.kiwi-verlag.de

Lässt sich ein Stück Torte gerecht dritteln?

Gibt es Schnürsenkelknoten, die wirklich halten? Und wie merke ich mir Telefonnummern am besten? Ob wir wollen oder nicht: Mathematik begegnet uns im Alltag immer wieder. Doch das einst in der Schule Gelernte hilft uns oft nicht weiter – oder wir haben es längst vergessen. Holger Dambeck verrät in diesem Buch praktische Mathe-Tipps und -Tricks, die im Alltag verblüffend hilfreich sein können. Und er zeigt, dass man mit Mathematik sogar zaubern kann!

Leseproben und mehr unter www.kiwi-verlag.de

Jeder hat ein Mathe-Ich!

Mathematik spaltet die Menschen – die einen lieben sie, die anderen bekommen Albträume. Dabei hat jeder von uns tief in sich viel für Zahlen übrig. Selbst Affen, Raben und Bienen tun es: rechnen. Und sie machen dabei ganz ähnliche Fehler wie wir Menschen. Spielerisch, unterhaltsam und für jeden verständlich zeigt uns der Autor, was Mathematik wirklich ist: nicht stumpfes Büffeln, sondern kreatives Denken.

Leseproben und mehr unter www.kiwi-verlag.de

Kinder lernen überall – nicht nur in der Schule

Wozu brauchen Katzen ihre Schnurrhaare? Warum heißt die Steinzeit Steinzeit? Wer entscheidet, ob ein Verbrecher ins Gefängnis muss? Im großen Allgemeinwissenstest von »Dein SPIEGEL« können Kinder zeigen, was in ihnen steckt.

100.000 Kinder haben schon mitgemacht – dieses Buch ist eine neue Chance, das eigene Wissen zu testen. In 150 spannenden, überraschenden und lustigen Fragen geht es einmal rund um die ganze Welt. Zum Raten, Knobeln und Nachdenken.

Leseproben und mehr unter www.kiwi-verlag.de

Testen Sie ihr Wissen!

Leseproben und mehr unter www.kiwi-verlag.de

Spaß und Lernerfolg garantiert!

Wie lautet die Mehrzahl von Oktopus? Was ist ein Pranzer? Wofür stand die Abkürzung SMS vor hundert Jahren? Und ist Brad Pitt nun der gutaussehendste, bestaussehendste oder am besten aussehende Filmstar unserer Zeit? Der große Deutschtest von Bastian Sick versammelt spannende Fragen aus dem Fundus der Irrungen und Wirrungen unseres Sprachalltags.

Dieses Buch macht einen ...

a) heiden Spaß
b) Haidenspaß
c) Heiden Spaß
d) Heidenspaß?

Abwechslungsreich und humorvoll führt Sie Bestsellerautor Bastian Sick mit 200 neuen Fragen durch den Irrgarten der deutschen Sprache. Testen Sie Ihr Wissen!

Leseproben und mehr unter www.kiwi-verlag.de